2019北方规划院校联合毕业设计作品集

希望的田野

天津市蓟州区乡村规划与设计

吉林建筑大学
天津城建大学
山东建筑大学
北京建筑大学
沈阳建筑大学
内蒙古工业大学

U0299649

联合编著

中国建筑工业出版社

图书在版编目（CIP）数据

希望的田野：天津市蓟州区乡村规划与设计：2019北方规划院校联合毕业设计
作品集／吉林建筑大学等联合编著．—北京：中国建筑工业出版社，2019.8
ISBN 978-7-112-24086-9

Ⅰ．① 希…　Ⅱ．① 吉…　Ⅲ．① 乡村规划－建筑设计－作品集－中国－2019
Ⅳ．① TU984.29

中国版本图书馆CIP数据核字（2019）第166754号

本书为第一届北方规划院校联盟联合毕业设计的作品集。在积极响应国家关于乡村振兴战略的背景下，本次毕业设计的选题紧紧围绕实现真正意义的"美美与共，各美其美"的北方乡村风貌。本次选取天津市蓟州区穿芳峪镇石臼村、东井峪村为设计场地，探索北方地区乡村的发展路径与实施方案，让城乡规划专业学生认识到美丽乡村理念是对新农村建设理念的发展与延伸。本书既可以提供相关院校城乡规划专业的师生参考，也可以为北方地区乡村规划和建设提供连续研究思路和策划实施借鉴。

责任编辑：杨　虹　尤凯曦
责任校对：赵　菲　芦欣甜

希望的田野　天津市蓟州区乡村规划与设计
2019北方规划院校联合毕业设计作品集
吉林建筑大学　天津城建大学　山东建筑大学　北京建筑大学　沈阳建筑大学　内蒙古工业大学
联合编著
*
中国建筑工业出版社出版、发行（北京海淀三里河路9号）
各地新华书店、建筑书店经销
北京雅盈中佳图文设计公司制版
北京富诚彩色印刷有限公司印刷
*
开本：880×1230毫米　横1/16　印张：11¾　字数：302千字
2019年8月第一版　2019年8月第一次印刷
定价：**112.00**元
ISBN 978-7-112-24086-9
(34588)

版权所有　翻印必究
如有印装质量问题，可寄本社退换
（邮政编码 100037）

2019北方规划院校联合毕业设计作品集

希望的田野 天津市蓟州区乡村规划与设计

编委会

主　　编：吕　静　杨　柯

副 主 编：张　戈　齐慧峰　荣玥芳　袁敬诚　荣丽华

编委会成员（以姓氏笔画为序）：
　　　　　马　青　王　晶　王　强　白　洁　白　涛
　　　　　兰　旭　朱凤杰　刘立均　孙永青　李　鹏
　　　　　胡振国　胡晓海　宫同伟

图文编辑：尹钰博　靳云龙　刘海晓

　　北方规划教育联盟是由吉林建筑大学、天津城建大学、山东建筑大学、北京建筑大学、沈阳建筑大学和内蒙古工业大学六所院校组成。其宗旨在于北方建筑类高校之间的城乡规划专业教育教学的合作创新，通过不同层面的交流教学经验，提高教学质量和办学水平，创新城乡规划专业校际人才培养合作机制。

　　北方规划教育联盟是北方地区各高校联合实践教学的创新，在拓宽知识面，丰富信息渠道的同时，建立省域校际联合教育平台，共同深化教育改革，创新教学方法，为国家培育高素质的适应社会需求的专业型人才。

　　本届联合毕业设计积极响应国家关于乡村振兴战略，围绕乡村规划建设，选址天津市蓟州区穿芳峪镇石臼村、东井峪村为设计场地，探索乡村发展的路径与方案，鼓励提出富有创意的规划及策略。让城乡规划专业学生认识到美丽乡村理念是对新农村建设理念的发展与延伸，其理论内涵更为丰富，对农村建设的指导价值也更加凸显。在实践中切实地了解到村庄规划中"生态美、文化美、产业优、讲民主"的特点，让学生的设计成果成为可以指导实际建设的设计文件，并做到创新性、切实性和规范性，为学生从事村镇规划工作奠定理论基础和实施实效能力。

　　本次 2019 北方规划教育联盟联合毕业设计，通过 1 月在天津蓟州区的开题和 4 月山东济南的中期答辩与交流，以及 5 月在吉林建筑大学举行毕业设计终期答辩，圆满结束。六校师生们在 146 天里共同探讨北方乡村振兴战略，学生们通过调研发现问题，通过交流发现不足，通过合作培养友谊，通过一次次成果展示取得进步。把握现现时乡村特征与建设实践的前沿理论、技术路线、方法与案例，注重"乡村振兴"理念的空间落实，实现真正的希望田野上的乡村振兴与产业融合。在本次联合设计中大家加深了对乡村振兴之路的理解，锻炼了各项能力和素质，这将让每位参与者都受益匪浅。

　　相信通过联合设计各校之间的合作将更加深入，友谊将更加深厚和持久。未来各校将努力加强学科与专业建设，不断实现新的跨越，不断提升北方地区城乡规划专业建设和学科发展的水平。

吉林建筑大学副校长

2019 年 7 月

前言

党的十九大提出了实施乡村战略，是深刻把握现代化建设规律和城乡关系变化特征，是决胜全面建成小康社会、全面建设社会主义现代化国家的重大历史任务，在我国"三农"发展进程中具有划时代的里程碑意义。在《乡村振兴战略规划（2018—2022年）》中明确提出坚持乡村振兴和新型城镇化，统筹城乡国土空间开发格局，优化乡村生产生活生态空间，明晰乡村融合发展之路，以及加快城乡基础设施互联互通，推动人才、土地、资本等要素在城乡间双向流动的发展方向，加快推动乡村实现产业振兴、人才振兴、文化振兴、生态振兴、组织振兴。

2019年是北方规划教育联盟六校联合毕业设计的起始年，吉林建筑大学有幸和天津城建大学以及山东建筑大学一起承办此次活动，为北方规划院校的优秀毕业生们搭建展示专业素养和设计才能的平台。2019年1月4日，北方规划教育联盟的吉林建筑大学，山东建筑大学，北京建筑大学，沈阳建筑大学，内蒙古工业大学院校的16名教师和30名学生齐聚天津城建大学，以"希望的田野"为主题的第一届北方规划教育联盟六校联合毕业设计正式拉开序幕。

本届联合毕业设计积极为天津市蓟州区的乡村振兴建设出谋划策，选择天津市蓟州区穿芳峪镇石臼村和东井峪村为设计对象，探讨新时期乡村振兴战略引导下的乡村规划设计。作为教育工作者，我们有志于培养具有大局观、整体思维和前瞻性思维的综合性规划设计人才。重点提升学生自然资源与生态环境调研、城乡策划与项目实施管理以及现代技术方法在设计中综合运用的新技能。

面对充满着复杂现状条件约束的设计主题，从开题、中期汇报到结题答辩，13组同学通过夜以继日的努力，在指导教师的悉心教导下，交出了一份份优秀的设计方案。在方案中充分显示出针对复杂多变的经济文化环境对北方地域性乡村特点的关注，围绕蓟州区乡村建设实际问题，在现状调研、整体分析、研究方法、技术路线以及解决方案等方面进行了多角度的阐释。通过开题、中期以及终期的三次答辩，同学们设计方案逐步成熟，充满着用所学知识改善乡村建设问题的力量和热情。通过合作与交流，历练了学生们的心志，考验了学生们的能力，从学生们的身上我们能感受到未来中国城乡规划事业后继有人。

北方规划教育联盟联合毕业设计为各高校教师和优秀学子提供了一个互相交流、彼此学习的平台，也为城乡规划行业教育工作者提供了教育协同发展的有效路径，本届联合毕业设计也正依托此背景展开并得到了广泛的支持。感谢中国城市规划学会乡村规划与建设学术委员会、天津城市规划学会以及天津大学提供的学术支持，感谢天津市蓟州区规划分局提供的技术支持！感谢蓟州区穿芳峪镇石臼村和东井峪村的领导和村民们，在调研初期和深化过程中予以的睿智经验和建设性的指导意见。

通过联合设计这个校际联合教学平台，北方六校共建联合教学体系，达到生生互通、师生互通和师师互通的境界。祝北方规划教育联盟联合毕业设计朝着日臻完善的道路不断前行。

吉林建筑大学　建筑与规划学院

吕　静　杨　柯

2019年7月

目 录

希望的田野 天津市蓟州区乡村规划与设计任务书

1. 选题背景

　　2017 年 10 月，党的十九大报告提出乡村振兴战略，将乡村建设提到了战略高度，明确了产业兴旺、生态宜居、乡风文明、治理有效、生活富裕的乡村振兴总体要求。2018 年 9 月，中共中央、国务院印发了《国家乡村振兴战略规划（2018—2022 年）》，提出了坚持乡村振兴和新型城镇化，统筹城乡国土空间开发格局，优化乡村生产生活生态空间，明晰了乡村融合发展之路，以及加快城乡基础设施互联互通，推动人才、土地、资本等要素在城乡间双向流动的发展方向。同时随着学科的调整，乡村规划成为城乡规划专业的重要组成部分。关注乡村规划与建设，积极推进乡村规划领域的专业知识发展，培养具备乡村规划专业能力的技术人才，成为开设城乡规划专业的高等院校的重要责任。天津市在新一轮的总体规划中把"优化乡村地区布局，打造美丽乡村，改善村庄居住空间环境，编制村庄布局与保护规划"作为一项重要内容。本次联合毕业设计旨在积极探索适应新时期的办学方法，将专业教育及发展与社会实践需求紧密结合，共同推进乡村规划教学研究及交流。

图 1　石臼村卫星影像

2. 选题内容

（1）设计主题

　　乡村不仅是传统的农业生产地和农民聚居地，还兼具了经济、社会、文化、生态等多重功能。准确把握乡村振兴内涵，结合乡村实际，因地制宜地挖掘乡村的功能和价值，积极探索乡村发展的路径和方案。以天津市蓟州区穿芳峪镇石臼村（图 1）、东井峪村（图 2）为调查对象，鼓励各小组通过调查及分析，提出富有创意的规划及策略。

（2）规划基地

　　本次设计所选基地天津市蓟州区穿芳峪镇石臼村、东井峪村，各指导小组可根据实际调研情况，自行选择其中一个村庄进行规划设计。

图 2　东井裕村卫星影像

3. 成果要求

本次联合毕业设计旨在激发各院校的创新思维，提出乡村发展的创意策划，因此规划内容包括但不限于以下部分：

（1）调研分析

通过实地踏勘、发放问卷、开展座谈会、召开村民会议等形式，了解村情民意，了解各级政府乡村发展计划与相关政策，充分掌握村庄社会经济发展水平、自然生态与基础条件、各类设施建设与服务情况、乡土风情与村庄风貌；综合分析村庄区位、土地资源禀赋、资源环境承载力、土地利用现状、村庄建设及产业发展情况等基础条件，进行必要的农村人口与生活状态、农村产业发展分析，梳理村庄风貌特色、文化特色，以问题为导向，找准村庄发展中的短板与突出问题，提出村庄发展主要策略。

（2）村域规划

①目标与定位。明确村庄功能定位，确定村庄人口、建设用地规模，提出近、远期村庄发展目标，根据规划引导需要提出约束性和预期性指标。

②村域空间用途管制。明确"生产、生活、生态"三生融合的村域空间发展格局，明确生态保护、农业生产、村庄建设的主要区域。合理安排村域范围内各类土地利用，确定村域内各类村庄建设用地位置、范围与规模。

③村域公共设施布局。落实上位规划中确定的区域基础设施、公共服务设施用地布局，因地制宜提出村域基础设施和公共服务设施的选址、规模、标准等要求。

④产业发展引导。提出村庄产业发展思路和策略，统筹规划村域第一、第二、第三产业发展和空间布局，合理保障农村新产业新业态发展用地，明确产业用地用途、强度等要求。

（3）村庄居民点规划内容

①村庄建设用地布局。根据场地条件对居民点用地进行适宜性评价，明确村庄各类建设用地界线、功能及相适应的建设强度、高度、风貌控制等管控规则。

②农村住房规划。细化农村住房布局和管控要求，合理确定宅基地规模，划定宅基地建设范围。充分考虑当地建筑文化特色和居民生活习惯，因地制宜提出农村住房的规划设计要求。

③村庄公共服务设施规划。依据人口规模和服务半径，合理确定村庄内行政管理、教育、医疗、文化、体育、商业、社会福利等各类公共服务设施的位置、规模。

（4）**村庄基础设施规划**

①道路交通：确定村庄内部道路等级、宽度、断面，落实停车场、公交站等交通设施的布局。

②市政基础设施：根据村庄自身需求明确节水、节能措施和可再生能源利用方式，确定给排水、能源、电信、环卫设施的布局、建设要求及管线走向、敷设方式。

（5）**村庄风貌规划。确定村庄整体景观风貌特征，明确村庄设计引导要求。**

①风貌引导。遵循村庄空间肌理、格局，提出村庄街巷尺度、区域特色风貌。

②景观环境规划。确定村庄公共绿地的规模与布局，提出村庄环境绿化美化措施，对必要的村口、公共空间等重要景观节点提出景观提升方案，对环境设施小品提出适度的设计引导。

4. 教学方式

本课程主要采用相关知识讲授、辅导与自主设计、成果讨论与互动讲评等多种形式相结合教学方式。

5. 进度安排

（1）2019 年 1 月，天津城建大学开题及蓟州区基地现场调研。

（2）2019 年 4 月下旬，山东建筑大学中期汇报及专家讲评。

（3）2019 年 5 月下旬，吉林建筑大学联合毕业设计成果汇报。

吉林建筑大学

吉林建筑大学

天津城建大学

山东建筑大学

北京建筑大学

沈阳建筑大学

内蒙古工业大学

有幸作为 2019 年北方规划教育联盟联合毕业设计指导教师，感到非常自豪和荣幸。新年伊始，我们响应国家乡村振兴战略，六校师生从天津蓟州区穿芳峪镇石臼村、东井峪村出发，通过 1 月在天津蓟州区的开题和 5 月吉林建筑大学的终期答辩与交流，共同度过难忘的 146 天的毕业设计时光。师生们共同探讨北方乡村振兴战略，把握现今乡村特征与建设实践的前沿理论、技术路线、方法与案例，注重"乡村振兴"理念的空间落实，实现真正的希望田野上的乡村振兴与产业融合。

　　即将离开大学走向社会的毕业生们将面对的是一个全球化的世界格局，多元化合作发展的趋势打破了以往相对封闭的就业空间，六校师生通过联合设计这个平台交流学习，开阔了视野，拓展了思维，取得了能力和水平的提升。通过本次联合设计，各校之间的合作将更加深入，友谊将更加深厚和持久。

　　祝愿北方规划教育联盟联合毕业设计一年一个新台阶！自此我愿与大家一道，携手并进，共谋发展！

吕　静

　　希望的田野，十里果香……从寒风凛凛的寒冬到微风和煦的初夏，百余天的研究、设计、交流，让北方六校的师生们踏上乡野的旅程。在这个短暂的乡村交流会上，让我们每个人冥思苦想，陌生中变得成熟，平凡中看到希望，感受到设计创新中更求实效。蓦然回首，时而尽情地畅谈、尽心地欢笑，时而严肃地讨论、激烈地争辩……一幕幕浮现眼前，看到同学们辛勤付出，硕果累累，让我们朝夕相处的模样映入心田。今天，心怀兴奋，满怀憧憬，看着你们收获了泪水、欢笑与掌声，马上走上你们更加精彩的征程，永远为我们这片理想的希望的田野奋斗，去往更高的天空飞翔！

杨　柯

很荣幸能有机会参加这次北方规划教育联盟联合毕业设计。从寒冬到酷暑，从天津到山东，再到吉林，我经历了很多，也学习到了很多。在此期间，我有机会认识了很多其他学校的老师和同学，了解到不同的规划教学方法，以及与其他院校相互交流学习的机会。在以后的工作生涯中，我相信本次乡村规划设计的经历，会给我极大的影响。在这一百多天艰苦而快乐的设计过程中，感谢一路陪伴我们的老师、同学。在此，特别感谢我的指导老师，吕老师与杨老师，是她们的热情关怀以及批评指正给予我们持久的动力。与此同时，也感谢我的合作伙伴，在大学最后的时光，有幸和一位志同道合的同学一起完成毕业设计。

惠佳琪

联合毕业设计的经历，将是我毕业前的一段宝贵的回忆，回想这段时间，在与其他学校老师、同学的交流学习中，他们的做事态度以及知识面的广阔，让我开阔了视野，也收获了与之深厚的友谊，在整个联合毕业设计的过程中，让我培养了脚踏实地、认真严谨、实事求是的学习态度，以及不怕困难、坚持不懈、吃苦耐劳的精神，在困难面前理顺思路，寻找突破点，一步一个脚印地慢慢来实现自己的目标，相信这对我今后走向社会、走向工作岗位是至关重要的。另外，也感谢我的老师以及小伙伴，感谢你们对我的关怀、指导和帮助。

陈青伟

146天既是漫长的也是短暂的。在这146天里，我们有欢笑也有眼泪，有骄傲也有辛酸，相同的是我们都充满着对乡村的希冀与理想，同样为着乡村出谋划策。正所谓"读万卷书，行万里路"，从天津到济南再到长春这1279公里的学习之旅正是我们在规划学习中的"万里之路"。在这段充满理想的时光里，我有机会认识了其他学校的老师与同学们，相互学习，互相帮助，扩展了交流，增进了友谊，我感到十分荣幸。这是我们在大学期间第一次完成乡村规划设计，经验不足，也收获良多。我们不得不以往城市规划的思路转变为乡村规划。转变思维的过程不容易，但经过多般波折的成果更令人激动、欣慰。方案形成的过程便是学习的过程，学习的过程也是方案成型的基础。这段时间的学习不仅仅是表达的学习，也是方案的学习，更是乡村规划思路的学习。正是乡村这"希望的田野"给我们的毕业设计增添了别样的意义。在这三个多月学习与设计并行的过程中，吕老师和杨老师给了我们许多帮助与建议，其他院校的老师们也给予了很多设计的指引，正是有了老师们的不辞辛劳，我们的作品才得以开花结实，感谢老师们对我们的悉心指导。同时我也要感谢我的队友，思路的碰撞与方案的协作使我们更懂得了合作的涵义，我们都因此得以相互成就，更好地成长。最后，祝愿中国的乡村这片"希望的田野"越来越好。

余 露

专业课方面：接到选题之后，搜集资料时，看到了一个关于乡村问题讨论的论坛，受益匪浅：现在的乡村规划，我们要去做的是，要大量的城市人到乡村去，允许他在乡村扎根下来，允许在乡村有自己的物业和土地，只有这样才有可能，不再像以前一样在现有的土地上涂脂抹粉；从古代到现代看乡村是一个开放的，它是一个流动的乡村，而不是说要捆绑在这块土地上，它始终是开放的。还有比如说我们今天看的徽州皖南民居这么辉煌，还有山西晋中的民居这么壮丽，这是外来经商的这些人回去建的家园，只要家园的灵魂安放的土地在，乡村就永远不会有问题的。我说村民只有城愁，没有乡愁，如果不把乡村当成家园，就是这个地方把它的商业形态做了，他自己还会有钱到城里买房子。乡村要回归成家园，灵魂安放的地方，才能最终解决问题。因此，乡村是没有生命力了，怎么让鲜血进去最关键。本次规划基于此，对东井峪村采用绿道联动和农旅结合的策略，进行规划，为达到产业升级，空间改善，生态保育的目标，打造集农副产品绿带、养生养老绿带、滨水休闲绿带、观光采摘绿带为一体的美丽乡村。

张博华

合作方面：1. 感谢吕静老师，杨柯老师陪伴我们走过了大学最后的时光，从学习和品质上教给了我们很多，这些都是无形的财富，丰富了我们的羽翼。

2. 通过这次与队友进行这样高强度的合作，更能懂得合作中包容与高要求之间的关系如何平衡，成长了很多。

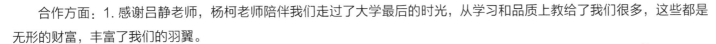

柿叶翻红霜景秋，柿实采挂待红楼——天津市蓟州区东井峪村乡村规划设计

基于绿道联动和农旅结合策略的美丽乡村规划设计

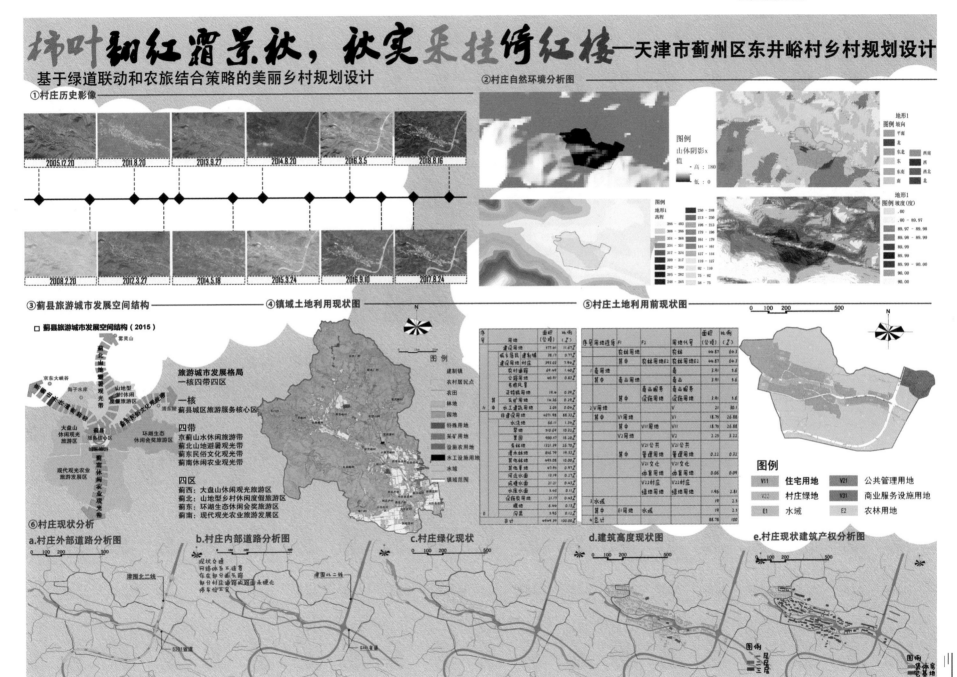

① 村庄历史影像

2005.12.20　2011.8.20　2013.9.27　2014.8.20　2016.3.5　2018.8.16

2008.2.20　2012.3.27　2014.5.18　2015.3.24　2016.9.10　2017.8.24

② 村庄自然环境分析图

③ 蓟县旅游城市发展空间结构

④ 镇域土地利用现状图

⑤ 村庄土地利用前现状图

⑥ 村庄现状分析

a.村庄外部道路分析图　　b.村庄内部道路分析图　　c.村庄绿化现状　　d.建筑高度现状图　　e.村庄现状建筑产权分析图

柿叶翻红霜景秋，柿实采挂倚红楼——天津市蓟州区东井峪村乡村规划设计

基于绿道联动和农旅结合策略的美丽乡村规划设计

① 美丽乡村政策解读

中央一号文件　　乡村旅游

更产业　更绿色　更便利　更科技　更共享　更活力

六大发展方向

五大发展路径：
产业怎么活　投资怎么来　设施怎么件　市场怎么官　保护怎么做

② 滨水现状图纸

② 人群分析

③ 村民需求及关注点

④ 产业分析

收入来源与水平统计

农家乐　外出打工　农业种植
收入来源

其他	30%
完善公共服务设施	42%
增加文化活动设施	24%
环卫设施建设	29%
增加商业设施	21%
增加村民收入	61%
改善居住环境	38%

⑤ 现状历史风貌分析图
⑥ 现状建筑质量分析图
⑦ 现状建筑年代分析图
⑧ 现状建筑肌理

农业总体状况：
— 以林地为主。
— 主要种玉米，一年一收，玉米丰收时200元/亩，干旱则导致欠收。
— 以果为主要种植树种，以采摘旅游为目前主要发展目标。果品包括柿子、核桃、山植、苹果、梨。
— 目前产物直接出售，没有加工的环节。
— 有养殖业，但人少量少，以养羊为主。

商业总体状况：
— 有两个小商店，商业基础不好。
— 有二十几家农家乐，目前的旅游形式有当天来回和停留几天两种。
— 赶集：①地点：穿芳峪镇　②时间：五天一集。

柿叶翻红霜景秋，秋实采挂待红楼——天津市蓟州区东井峪村乡村规划设计

基于绿道联动和农旅结合策略的美丽乡村规划设计

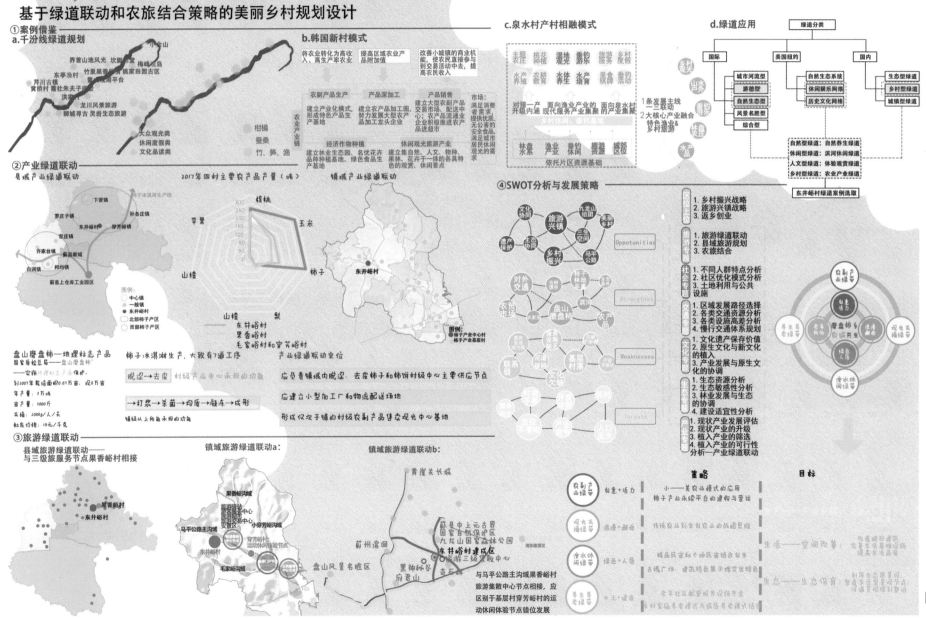

①案例借鉴
a.千汾线绿道规划

b.韩国新村模式

c.泉水村产村相融模式

d.绿道应用

②产业绿道联动
县域产业绿道联动

2017年四村主要农产品产量（吨）

镇域产业绿道联动

④SWOT分析与发展策略

盘山磨盘柿—地理标志产品

③旅游绿道联动
县域旅游绿道联动——与三级旅游服务节点果香峪村相接

镇域旅游绿道联动a：

镇域旅游绿道联动b：

柿叶翻红霜景秋，柿实采挂倚红楼——天津市蓟州区东井峪村乡村规划设计

基于绿道联动和农旅结合策略的美丽乡村规划设计

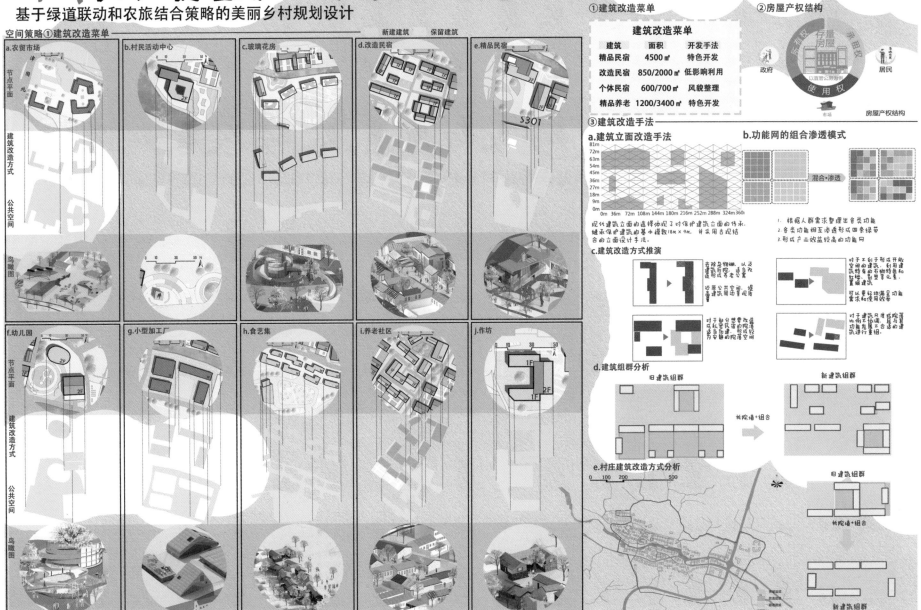

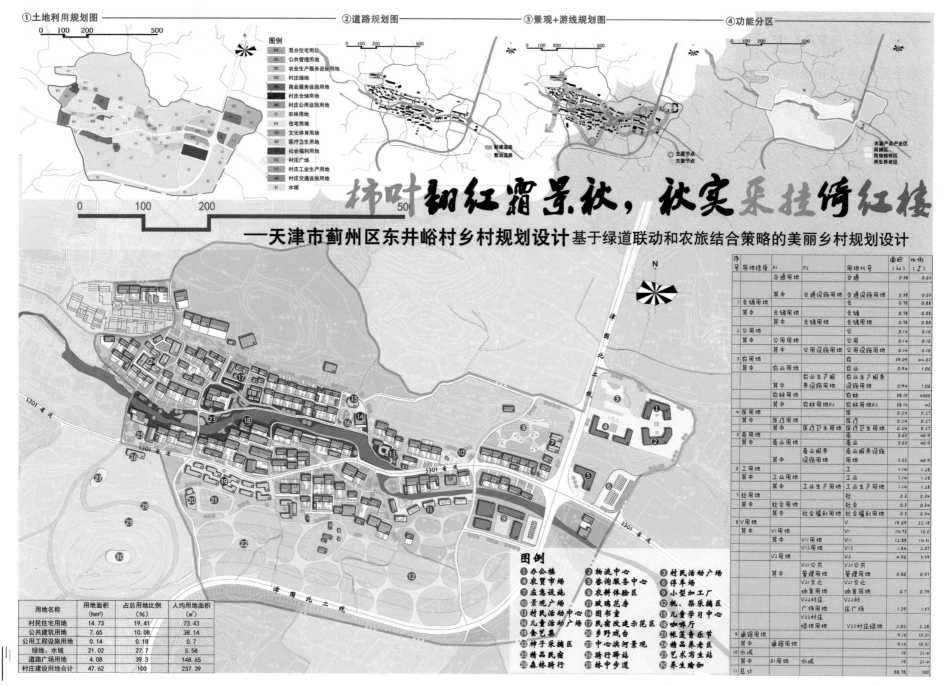

① 土地利用规划图　　　　　　　　　　② 道路规划图　　　　③ 景观+游线规划图　　　　④ 功能分区

柿叶翻红霜景秋，秋实采挂侍红楼
—天津市蓟州区东井峪村乡村规划设计 基于绿道联动和农旅结合策略的美丽乡村规划设计

图例
① 办公楼　② 物流中心　③ 村民活动广场
④ 农贸市场　⑤ 咨询服务中心　⑥ 停车场
⑦ 应急设施　⑧ 农耕体验区　⑨ 小型加工厂
⑩ 景观广场　⑪ 玻璃花房　⑫ 桃、梨采摘区
⑬ 村民活动中心　⑭ 图书室　⑮ 儿童学习中心
⑯ 儿童活动广场　⑰ 民宿改造示范区　⑱ 咖啡厅
⑲ 食艺集　⑳ 乡野戏台　㉑ 帐篷音乐节
㉒ 柿子采摘区　㉓ 中心滨河景观　㉔ 精品养老区
㉕ 精品民宿　㉖ 骑行驿站　㉗ 艺术写生站
㉘ 森林骑行　㉙ 林中步道　㉚ 养生瑜伽

用地名称	用地面积 (hm²)	占总用地比例 (%)	人均用地面积 (m²)
村民住宅用地	14.73	19.41	73.43
公共建筑用地	7.65	10.08	38.14
公用工程设施用地	0.14	0.18	0.7
绿地、水域	21.02	27.7	5.58
道路广场用地	4.08	39.3	148.65
村庄建设用地合计	47.62	100	237.39

柿叶翻红霜景秋，柿实采挂倚红楼——天津市蓟州区东井峪村乡村规划设计

基于绿道联动和农旅结合策略的美丽乡村规划设计

产业篇章：

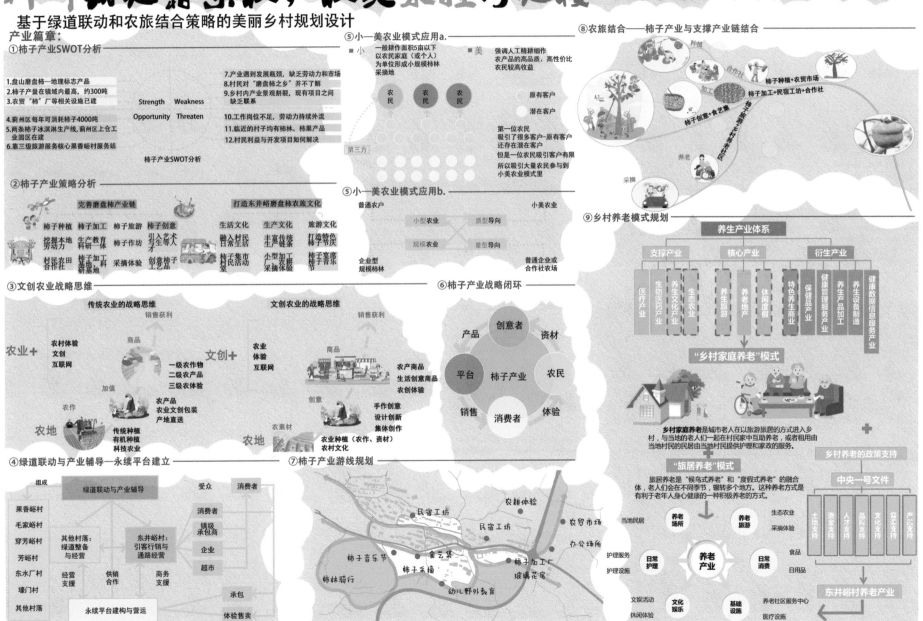

①柿子产业SWOT分析

1.盘山磨盘柿—地理标志产品
2.柿子产量在镇域内最高，约300吨
3.农贸"柿"厂等相关设施已建
4.蓟州区每年可消耗柿子4000吨
5.两条柿子冰淇淋生产线，蓟州区上仓工业园区在建
6.靠三级旅游服务核心果香峪村服务站

7.产业遇到发展瓶颈，缺乏劳动力和市场
8.村民对"磨盘柿之乡"并不了解
9.乡村内产业景观割裂，现有项目之间缺乏联系
10.工作岗位不足，劳动力持续外流
11.临近的村子均有柿林、柿果产品
12.村民利益与开发项目如何解决

Strength　Weakness
Opportunity　Threaten

柿子产业SWOT分析

②柿子产业策略分析

完善磨盘柿产业链
柿子种植　柿子加工　柿子旅游　柿子创意
挖掘本地劳动力　生产教育科研一体　柿子作坊　引入艺术人才
村民农田合作社　柿子加工科研基地　采摘体验　创意柿子工艺品

打造东井峪磨盘柿农旅文化
生活文化　生产文化　旅游文化
融入村民日常生活　丰富传统生产体系　打造特色柿子特展
柿子集市村民活动室　小型柿子加工作坊　柿子喜庆采摘体验　柿子音乐柿子节

③文创农业战略思维

传统农业的战略思维
销售获利
农业+　农村体验　文创　互联网
商品
加值
农作
一级农作物　二级农产品　三级农体验
农地
传统种植　有机种植　农科技农业

文创农业的战略思维
销售获利
文创+　农业　体验　互联网
商品
创意
农素材
农地
农产品商品　生活创意商品　农创体验
农产品包装　农业文创包装　产地直送
手作创意　设计创新　集体创作
农业种植（农作、资材）农村文化

④绿道联动与产业辅导—永续平台建立

组成
绿道联动与产业辅导
受众　消费者
果香峪村　毛家峪村　穿芳峪村　芳峪村　东水厂村　壕门村　其他村落
其他村落：绿道整备与经营
东井峪村：引客行销与通路经营
消费者　镇级承包商　企业　超市
经营支援　供销合作　商务支援
永续平台建构与营运
承包　体验售卖

⑤小—美农业模式应用a.

■ 小　一般耕作面积5亩以下以农民家庭（或个人）为单位形成小规模柿林采摘地
■ 美　强调人工精耕细作农产品的高品质、高性价比农民较高收益

农民　农民　农民　　原有客户　潜在客户

第三方

第一位农民吸引了很多客户-原有客户还存在潜在客户但是一位农民吸引客户有限所以吸引大量农民参与到小美农业模式里

⑤小—美农业模式应用b.

普通农户　　小美农业
小型农业　质型导向
规模农业　量型导向
企业型规模柿林　　普通企业或合作社农场

⑥柿子产业战略闭环

产品　创意者　资材
平台　柿子产业　农民
销售　消费者　体验

⑦柿子产业游线规划

农耕体验　民宿工坊　民宿工坊　农贸市场　办公场所
柿子音乐节　食艺集　柿子加工厂　玻璃花房
柿林骑行　柿子采摘　幼儿野外教育

⑧农旅结合——柿子产业与支撑产业链结合

种植　合作社　柿子种植+农贸市场
加工　柿子加工+民宿工坊+合作社
养老　柿子创意+食艺集
采摘

⑨乡村养老模式规划

养生产业体系
支撑产业　核心产业　衍生产业
医疗产业　生物医药产业　养生文化产业　生态农业　　养生旅游　养老地产　休闲度假　　特色养生商业　保健品产业　健康管理服务产业　养生产品加工　养生设备制造　健康数据信息服务产业

"乡村家庭养老"模式
乡村家庭养老是城市老人在以旅游旅居的方式进入乡村，与当地的老人们一起在村民家中互助养老，或者租用由当地村民的民宿由当地村民提供护理和家政的服务。

"旅居养老"模式
旅居养老是"候鸟式养老"和"度假式养老"的融合体，老人们会在不同季节，辗转多个地方。这种养老方式是有利于老年人身心健康的一种积极养老的方式。

当地民民　生态农业　采摘体验
养老场所　养老旅游
护理服务　护理设施　　养老产业　　日常护理　日常消费　食品　日用品
文娱活动　休闲体验　文化娱乐　基础设施　养老社区服务中心　医疗设施

乡村养老的政策支持
中央一号文件
土地支持　资金支持　人才支持　文化支持　产业支持
东井峪村养老产业

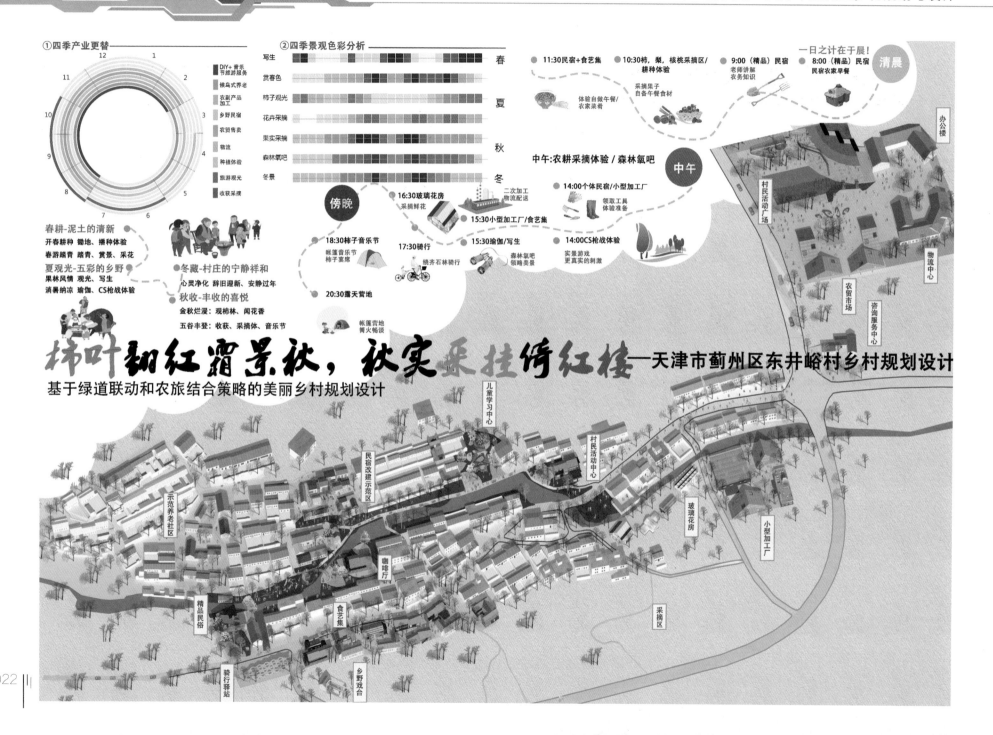

① 四季产业更替

12 / 1

DIY+音乐节旅游服务
候鸟式养老
农副产品加工
乡野民宿
农贸售卖
物流
种植体验
旅游观光
收获采摘

② 四季景观色彩分析

写生　春
赏春色
柿子观光　夏
花卉采摘
果实采摘　秋
森林氧吧
冬景　冬

春耕-泥土的清新
开春耕种 锄地、播种体验
春游踏青 踏青、赏景、采花
夏观光-五彩的乡野
果林风情 观光、写生
消暑纳凉 瑜伽、CS枪战体验

冬藏-村庄的宁静祥和
心灵净化 辞旧迎新、安静过年
秋收-丰收的喜悦
金秋烂漫：观柿林、闻花香
五谷丰登：收获、采摘体、音乐节

一日之计在于晨！

8:00（精品）民宿
民宿农家早餐

9:00（精品）民宿
老师讲解农务知识

10:30柿,梨,核桃采摘区/耕种体验
采摘果子自备午餐食材

11:30民宿+食艺集
体验自做午餐/农家菜肴

清晨

中午:农耕采摘体验/森林氧吧

中午

14:00个体民宿/小型加工厂
领取工具体验准备

14:00CS枪战体验
实景游戏更真实的刺激

傍晚

16:30玻璃花房
采摘鲜花

二次加工物流配送

15:30小型加工厂/食艺集

15:30瑜伽/写生

森林氧吧领略美景

18:30柿子音乐节
帐篷音乐节柿子宴席

17:30骑行
绕齐石林骑行

20:30露天营地

帐篷营地篝火畅谈

柿叶翻红霜景秋，秋实采挂倚红楼——天津市蓟州区东井峪村乡村规划设计

基于绿道联动和农旅结合策略的美丽乡村规划设计

办公楼
村民活动广场
物流中心
农贸市场
咨询服务中心

儿童学习中心
村民活动中心
玻璃花房
小型加工厂
采摘区
民宿改建示范区
示范养老社区
咖啡厅
精品民俗
食艺集
乡野戏台
骑行驿站

① 改建民宿　　●滨水休闲绿道　　●住宿+餐厅+旅厅2000㎡

住宿 乡野民宿

民宿学堂　手工艺作坊

餐厅

② 精品民宿　　●滨水休闲绿道　　●住宿+餐厅4500㎡

精品民宿 浪漫木屋

餐厅 (自制)东井峪特色餐点

活动广场 交流集散广场

③ 精品民宿　　●滨水休闲绿道　　●住宿+餐厅850㎡

小卖部

开放院落民俗

餐厅 (自制)东井峪特色餐点

全围合院落民宿

天津市蓟州区东井峪村乡村规划设计——柿叶翻红霜景秋，秋实采挂倚红楼

基于绿道联动和农旅结合策略的美丽乡村规划设计

民宿改建示范区

民宿改建示范区

民宿改建示范区

民宿学堂课程

传统手工艺作坊体验，提高动手能力

制作柿饼 张大爷

玉米发酵加工 王大妈

石砌建筑 陈大叔

DIY工艺美术品 驻村艺术家

东井峪巧匠

组成

东井峪智团

授课

研学小朋友

成年游客

农田知识教育

技艺工序

技艺历史

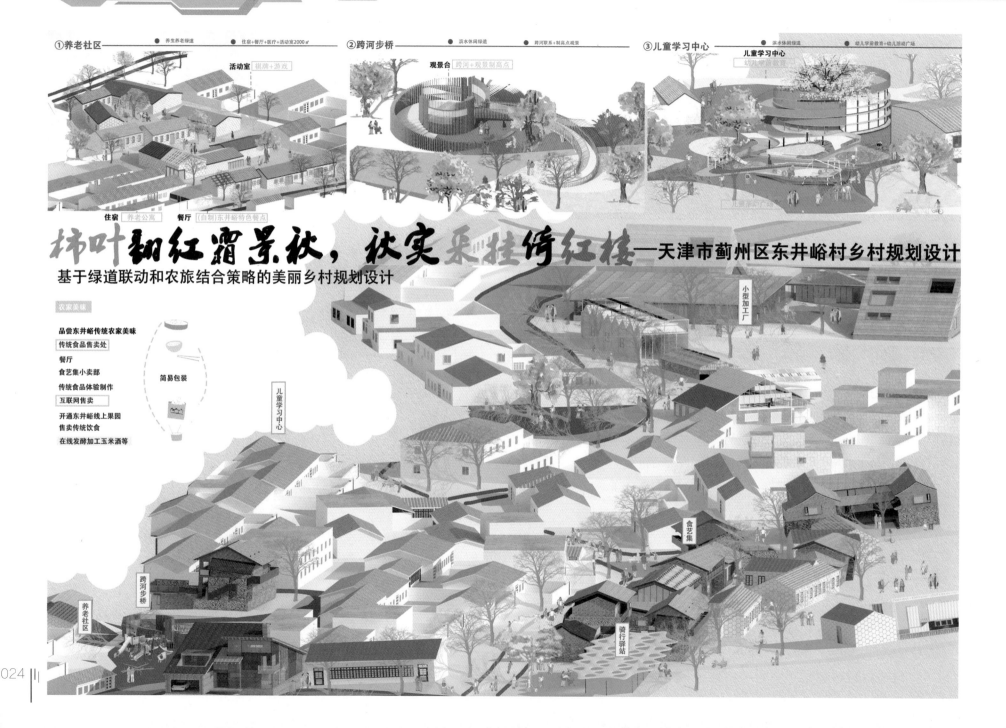

① 养老社区　　　● 养生养老绿道　　● 住宿＋餐厅＋医疗＋活动室2000㎡　　② 跨河步桥　　● 滨水休闲绿道　　● 跨河联系＋制高点观景　　③ 儿童学习中心　　● 滨水休闲绿道　　● 幼儿学前教育＋幼儿活动广场

活动室　棋牌＋游戏

儿童学习中心

幼儿学前教育

观景台　跨河＋观景制高点

住宿　养老公寓　　餐厅　(自制)东井峪特色餐点

儿童活动广场

柿叶翻红霜景秋，秋实采挂待红楼——天津市蓟州区东井峪村乡村规划设计

基于绿道联动和农旅结合策略的美丽乡村规划设计

农家美味

品尝东井峪传统农家美味

传统食品售卖处

餐厅

食艺集小卖部

传统食品体验制作

互联网售卖

开通东井峪线上果园

售卖传统饮食

在线发酵加工玉米酒等

简易包装

小型加工厂

儿童学习中心

食艺集

养老社区

跨河步桥

骑行驿站

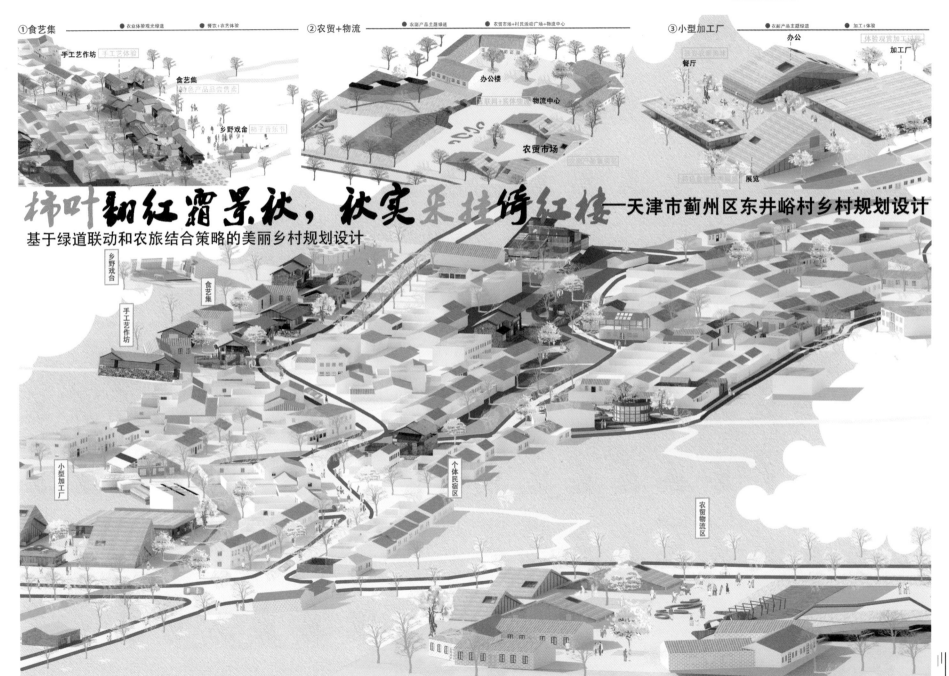

① 食艺集　　　● 农业体验观光绿道　　● 餐饮+农艺体验

手工艺作坊　手工艺体验

食艺集
特色产品品尝售表

乡野戏台　柿子音乐节

② 农贸+物流　　● 农园产品主题绿道　　● 农贸市场+村民活动广场+物流中心

办公楼

物流中心

农贸市场

③ 小型加工厂　　● 农副产品主题绿道　　● 加工+体验

办公

餐厅　体验观赏加工过程

加工厂

展览

柿叶翻红霜景秋，秋实采摘待红楼—天津市蓟州区东井峪村乡村规划设计

基于绿道联动和农旅结合策略的美丽乡村规划设计

乡野戏台

食艺集

手工艺作坊

小型加工厂

个体民宿区

农贸物流区

幽谷清幽，柿美石臼

——基于"产，村，景"一体化发展下的天津市蓟州区石臼村乡村规划设计

石臼村

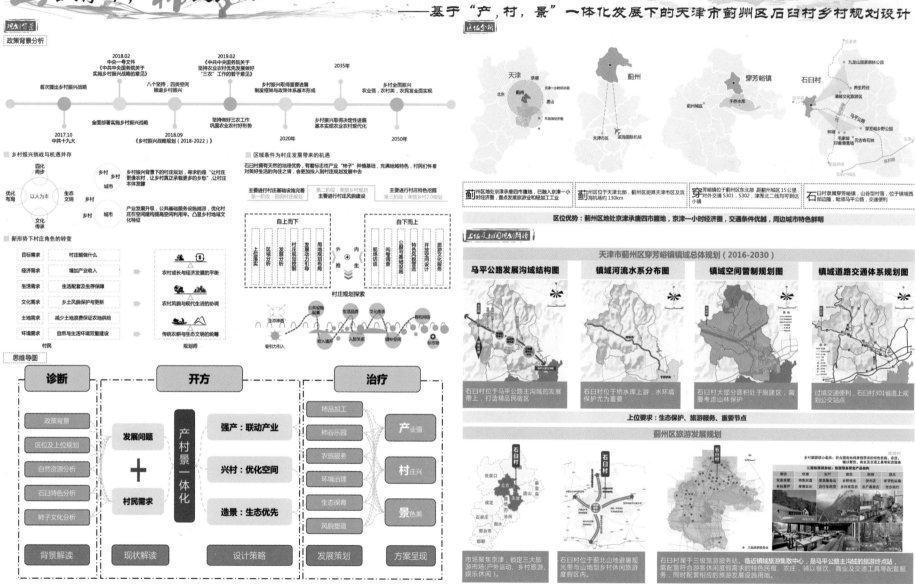

山谷清幽，柿美乡间

——基于"产，村，景"一体化发展下的天津市蓟州区石臼村乡村规划设计

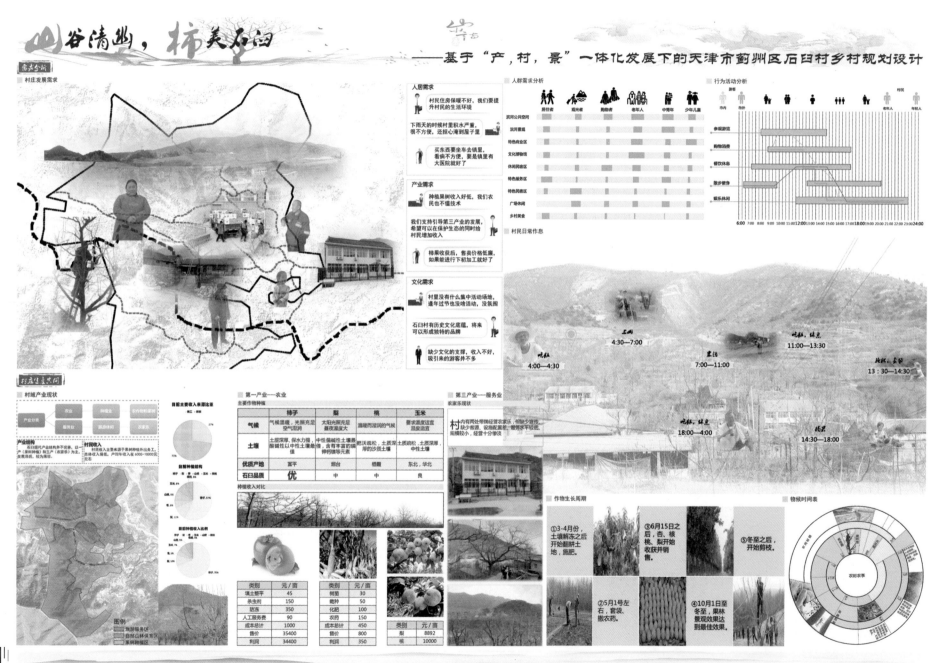

山谷清幽，柿美石臼

—— 基于"产，村，景"一体化发展下的天津市蓟州区石臼村乡村规划设计

村民生活意向

现状道路

对外交通

内部交通

图例
省道
村道

石臼村与省道301马平公路接壤，镇域总体规划中，规划公交站一处，对外交通较为便利，但道路两侧环境杂乱，缺乏美观性。

图例
省道
对外村道
生产化道路
生产性道路

村内道路系统性差，覆盖面不广，交通死角多；硬化路面较少且路面过窄，道路两侧有明沟存在安全隐患。

现状建筑

建筑高度

建筑质量

建筑屋顶形式

空置院落情况

图例
H>5m
桥6~6m

图例
一类建筑
二类建筑
三类建筑

图例
平屋顶
坡屋顶

图例
有人居住
空置院落

建筑破败

村内有很多年久失修的建筑，其中某些建筑极具地域特色，亟需保护和修改。

风貌不一

近现代以后出现的建筑多以水泥砌筑，不同颜色、秩皮墙面，建筑风貌不一。

建筑闲置

村内年轻人流失严重，出现空心化的现象，村内现存很多无人使用的空置房屋。

现状景观绿化

景观格局现状图

图例
道路绿化
滨水绿化
宅旁绿化
森林景观

现状公共服务设施

公共服务设施分布现状图

现有公服无法满足村民需求，基本上处于三无状态
1. 村委会规模小
2. 村内无教育设施，医疗设施，文化设施，活动长地等村民日常生活所需的服务设施
3. 村内缺少教老院，老年活动中心等供老人使用的服务设施

道路硬化、电气化、滨水绿化，不同程度需要整理和绿化空间

现状市政基础设施

给水工程现状图

排水工程现状图

电力电信工程现状图

环境卫生设施现状图

图例
给水干管
蓄水点

图例
排水明渠
污水处理厂

图例
高电压电力线
220V电力线

图例
垃圾收集点

村内给水工程较完善，但水管防冻设施有待加强。

村内排水主要为地下暗渠，地上明渠两种，雨污合流

村内电力全属架空，但设施防护有待加强。电信网络全覆盖

村内设有四处垃圾收集点，由镇里统一回收处理，但垃圾满地现象仍然较明显

南立面图

村落生态意向

生态山水格局

石臼四面环山，时临河穿过，村庄于谷中坐落，清幽淡然，山水贯通。

山体
村庄
房河

生物多样性

植物系统：平视+仰视所见的植物

玉米　柿子树　梨树　核桃树　栗子树　红果树　国槐　李子树　刺槐　枸杞　大花萱草　紫叶小檗

低头所见植物

动物系统：村民畜养+山中野生动物+昆虫

鸡　鸭　鹅　狗　猫　排骨鸡　鹌　麻雀　燕子　喜鹊　鸽子　桃鸟　狐狸　野兔　白头翁　蝴蝶　甲虫

生态资源

青山耸立

■ 村庄山体资源丰富，四面环山，森林茂密，松林挺拔，植被葱葱。

■ 登山步道初具雏形，但未成系统，是登山运动的最佳场地

古松常青

■ 村庄西部边界山坡上，有两棵百年青松，西部松林资源丰富

柿果飘香

■ 村庄主要靠柿子售卖作为收入来源，柿子树的一年四季有着美丽的风光，极具观赏性

古物遗存

■ 村中有一处百年老宅，自清代延存到现在，历史价值巨大

■ 村庄西部有一处古井——感恩井，承载着附近三个村庄老一辈人的特殊情感，意义重大

石臼特色一

如意
悠久的历史

原产于中国，有一千多年的历史
是吉祥如意的象征
是汉族传统吉祥图案之一
我国五大果之一
每个中国家庭过年必备的年货之一
表达了人们对生活柿柿如意的美好期许

年货
优良的功效

富含维生素A和维生素C，类胡萝卜素
柿果：润肺止咳、润肠通便、解酒
柿饼：止血、除燥斑
柿蒂：治疗打嗝、改善心血管功能
柿霜：健脾胃、治疗口腔溃疡
柿叶：降血压、杀菌止痒、滋润皮肤

历史
顽强的精神

朱元璋称帝后曾封柿子树为"凌霜侯"
耐寒性强，在恶劣环境下依旧生长
适应性强，根系强大，耐瘠薄
抗污染性强，更新和成枝能力很强

果实
丰富的产品

柿皮果醋、果酒
柿子饼、柿子干儿
柿蜜饯儿
柿叶茶、
柿皮软糖、
柿粉、柿糕、柿子冰琪凌

山谷清幽，柿美石臼

—基于"产，村，景"一体化发展下的天津市蓟州区石臼村乡村规划设计

现状问题探寻

■ 生产空间

人口老龄化，村庄空心化问题突出，如何提高区域及本村活力，如何获取劳动力

- 年龄在60岁以上的老人占全村人口的80%以上，年轻人都外出务工
- 柿果种植主要靠是中老年人操作，劳动力缺乏

第一产业结构单一，种植业不足以支撑全村经济发展，如何促进产业转型升级

- 通过调查，果树种植为主要收入来源，产业单一，收入较低
- 留守老人及伤病人员几乎没有收入来源

现状旅游产业基础较薄弱，如何提升和发展特色旅游

- 通过调查，现状旅游的主要体现为农家乐经营，效益十分不好
- 未有效利用村庄旅游资源，如古宅，农耕技术，柿林风光，山体森林资源

村庄拥有专业技术和较高知识水平的人员较少

- 由于村庄偏远，教育资源分配不均，即使本村大学生毕业也不会返乡

■ 生活空间

公共服务设施匮乏，市政基础设施有待完善

- 仅有1处村委会且规模不足、无基础医疗卫生保障
- 村民希望修建休闲活动场地以及茶余饭后交流
- 市政设施有基础，但需完善，垃圾入箱率低

居住环境满意度低，绿少，供暖不到位

- 因经济收入较低，一部分困难住户住房条件很差
- 村民居住环境卫生较差，绿化空间几乎没有
- 公共活动场地缺失，环境缺乏整体性规划

建设空间有待优化，碎片化空间亟需整理

- 分析梳理村庄的整体结构，有效利用碎片空间，确定村庄发展的核心及主要发展轴线

■ 生态空间

山体损毁严重

- 通过现场勘探，山体损坏现象较为严重，多是偷山采石所造成的不可恢复的损毁，需要加强修复治理，尽可能还原山体本貌

■ 森林砍伐现象突出

- 村民日常饮食，取暖大部分以木柴为能源，致使山中树木砍伐严重，破坏了生态平衡，增强了泥石流自然灾害发生的可能性

现状问题小结

产业：第一产业为主布局单一，创新性差

人口：老年化，空村化现象严重，人口人才外流

道路：街道无活力，绿化无特色，可识别性低

河流：河道干枯，防护能力需提升

文化：村民对柿子文化了解不深，墙上有待提升

环境：整体环境较为脏乱，居住环境有待提升

建筑：风格多样，缺乏整体管控

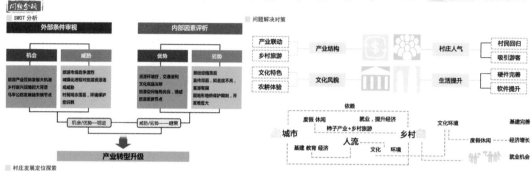

问题分析

□ SWOT 分析

外部条件审视

机会 | 威胁

内部因素评析

优势 | 劣势

机会
旅游产业区块发展潜力大机遇
乡村振兴战略的大背景
马平公路发展拥堵末端节点

威胁
旅游市场竞争激烈
城镇化进程对旅游资源造成威胁
村民观念落后，环境保护意识缺

优势
资源环境好，交通便利
文化底蕴深厚
旅游空间拥有供应，错峰旅游旅游季节点

劣势
基础设施落后
宣传滞后，知名度不高，客源有限
因国地无地保护限制，开发难度增大

机会/优势——增进 | 威胁/劣势——策略

产业转型升级

□ 问题解决对策

产业联动 → 产业结构

乡村旅游

文化特色 → 文化风貌

农耕体验

村庄人气 → 村民回归 / 吸引游客

生活提升 → 硬件完善 / 软件提升

依赖

度假休闲 / 就业，提升经济

城市 — 柿子产业＋乡村旅游 — 乡村

人流

基建 教育 经济 / 文化 环境

文化环境 — 基建完善 / 经济增长 / 度假休闲 / 就业机会

□ 村庄发展定位探索

生产：产业单一，缺乏特色，缺失销售渠道

村内产业单一，集体经济薄弱以果树种植为主，现状农田均为旱田，不产粮食
以柿子种植居多，售卖形式单一，难以打开销路
柿子的初加工尚需进一步完善，需要不断提升农产品的科技含量及附加值

生产：产业定位趋向特色化

大胆提出更高的定位，结合柿子文化寻求特色鲜明
主题突出的产业定位，实现跨越式发展，成为全国特色
村，增加村民收入，形成响亮的品牌

生活：居住环境差，景观绿化匮乏，公服设施滞后

村内现状道路狭窄，等级低，路况差，断头路较多，没有形成网络
居住环境卫生较差，绿化空间几乎没有
缺乏商业服务设施，公共活动场地缺失，环境缺乏整体性规划

生活：改善村庄环境，完善村庄配套设施

以"村民"的需求为导向，坚持民生优先、功能全面、配套先进，生活丰富，配套完善的生活空间，村居住地增加绿化等公共活动空间，加强河道治理，改善公厕、垃圾收集点、污水处理池等市政设施，建设储水池、停车场

生态：旅游资源未充分利用，山林损毁现象突出

生态：增强意识，合理利用开发

□ 总体发展定位

以柿子文化为牵引，以"强产、兴村、造景"为乡村发展主线，
建设产业强，村庄兴，风景美于一体的美丽石臼

产业强——蓟州区山地观光旅游示范第一村

村庄兴——蓟州区美丽乡村建设第一村

景色美——蓟州区生态文明保育第一村

行为归纳 | 活动需求 | 主体定位 | 客体定位

功能植入

20% 80% 60岁以上 60岁以下

居住环境满意度调查 22% 67% 11% 比较满意 满意 不满意

环境绿化满意度调查 19% 68% 13% 比较满意 满意 不满意

住宅保温性满意度调查 11% 11% 78% 比较满意 满意 不满意

配套设施满意度调查 10% 8% 82% 比较满意 满意 不满意

山谷清幽，柿美石洞

——基于"产，村，景"一体化发展下的天津市蓟州区石臼村乡村规划设计

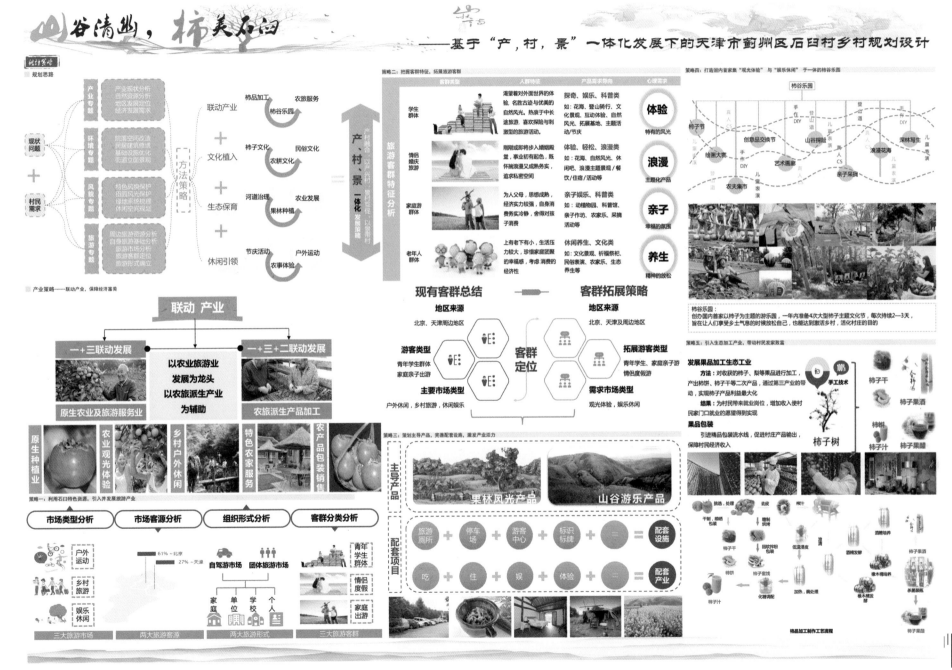

规划策略

规划思路

产业策略——联动产业，保障经济富美

联动 产业

策略二：把握客群特征，拓展旅游客群

旅游客群特征分析

现有客群总结 ← → 客群拓展策略

客群定位

策略三：策划主导产品，完善配套设施，激发产业活力

策略四：打造国内首家集"观光体验"与"娱乐休闲"于一体的柿谷乐园

柿谷乐园

柿谷乐园：
创办国内首家以柿子为主题的游乐园，一年内准备4次大型柿子主题文化节，每次持续2—3天，旨在让人们享受乡土气息的时候放松自己，也能达到激活乡村，活化村庄的目的

策略五：引入生态加工产业，带动村民发家致富

发展果品加工生态工业

柿品加工制作工艺流程

山谷清幽，柿美石间

—— 基于"产，村，景"一体化发展下的天津市蓟州区石臼村乡村规划设计

设计策略

文化策略——传承文化，彰显人文淳美

策略一：历史文化溯源——利用村庄古物，唤醒古老记忆，留存逝去美好

柿子文化 ＋ 农耕文化 ＋ 民俗文化 → 石臼特色文化

乡村历史博物馆——溯古

将村庄中三间清朝时期的民房改造为乡村博物馆，展示石臼的农耕文化、柿子文化、古井文化、老物件等，让村民及游客都了解石臼乡土文化和旅游风貌。

村落空间博物馆——看今

通过保留村民原始的特色生活空间和生活场景，展现乡风民俗的古朴、醇厚之美，让游客在乡村日常生活中体验到独特的乡土文化和旅游风貌。

开发乡村手工艺商品——思未

特色手工艺品：奇石、怪石、手工编篮

特色食品：柿叶茶、柿子饼、冻柿子、柿子干、柿子醋、柿子酒等

策略二：民俗文化挖掘——打造蓟州特色文化旅游服务基地

石臼人家特色民宿

分三步实现石臼特色民宿计划，由局部统一开发到整脸介入最后统一管理分散经营，形成石臼特色民宿体系。

打造首家以"柿子"为主题的特色民宿。

创意农家乐园

打造休闲主题的精品农家院，如田园风光，以柿子为主题，定期举办柿子节、丰收节等节庆活动

特色柿子手工坊

制作柿子相关的手工艺品，传承手工文化

策略三：农耕文化拓展——建立蓟州最大的生态农业观光体验基地

农业拓展提升

以柿子等果林种植为基础，引进先进技术和品种，丰富种植业拓展农业产业化功能。发展果林特色性功能，拓展其农教示范、农业观光、种植、采摘、野外品尝等功能。

农耕文化拓展——建立农业观光体验基地

集中选取成片果林，打造农业观光园

围绕四季分明的气候特点，打造春之播种、夏之观光、秋之收获、冬之润新的农耕历程，给予游客不同体验

以亲子为主题，采摘、教育、种植、炊饮等体验形式为辅助，提升游客体验度

农业观光体验基地发展模式

农业观光	■ 风景观光（日出日落，山地风景，柿林风光等） ■ 植物，草木辨识教育
农事体验	■ 参与农事体验，农时农事体验 ■ 农村乡土教育示范 ■ 儿童活动——农耕常识课，传统游戏等
农业活动	■ 采摘柿子、梨、桃等水果 ■ 提供加工展览区域 ■ 林下种植花卉

生态保育——生态优先，展现生态优美

水处理

雨水 / 清洁水

地下水库 / 生活用水

村内污水处理站

蓄水池 → 做饭 / 烧水

污水处理站 ← 洗衣 / 洗澡

沼气池 → 做饭 / 照明 / 取暖 / 牲畜饮用

生产用水 / 灌溉

环境治理

能源开发 / 太阳能利用 / 节能推广 → 能源利用

垃圾分类 / 垃圾回收站 / 垃圾资源化 → 废物回收

土壤改良 / 水质治理 / 技术创新 → 资源保护

生态养殖 / 绿色食品 / 废料利用 → 生态发展

植被栽植 / 环境美化 / 绿色建筑 → 环境保护

现状河道 / 村口蓄水井

水环境改善

石林河道整治：划分自然泊岸、硬化泊岸两个特色泊段。

自然泊岸改善

硬化泊岸改善

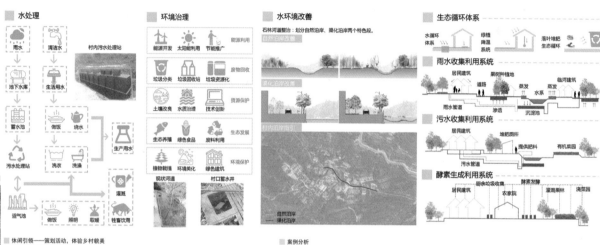

自然泊岸 / 硬化泊岸

生态循环体系

水循环体系 → 绿植降温系统 → 落叶堆肥生态循环

雨水收集利用系统

居住建筑 / 道路 / 果树种植地 / 临河建筑

蒸发 / 水系 / 渗透 / 沉淀池

雨水管道

污水收集利用系统

居住建筑 / 堆肥厕所 / 提供肥料 / 有机菜园

污水管道

酵素生成利用系统

厨余垃圾收集 / 酵素发酵 / 灌溉果林 / 洗菜园

居住建筑 / 农家院

休闲引领——策划活动，体验乡村较美

石臼村健康登山之旅

以健康锻炼为主题打造石臼特色登山项目，围绕推出登山比赛、寻宝行动等一系列衍生的旅游项目

户外山林体验活动

打造森林旅游步行线路，开发户外体验产品，带领游客游览山间小路，如自然探秘、野餐、露营、搜集标本等

生态保护教育课堂

通过生态环境体验、生态探险活动，在休闲娱乐的同时获得丰富的自然生态知识和历史文化知识，树立环保意识，自发地保护乡村旅游资源和环境

松林养生体验基地

利用村庄大面积的常青松林，打造松林养生基地，策划天然氧吧，瑜伽场地，嗅觉疗法，视觉养生等项目

案例分析

法国普罗旺斯乡村旅游规划

模式经验

农业产业化——游客体验，乐在其中
——法国农村的葡萄园和酿酒作坊，游客可以参观和参与酿造葡萄酒的全过程

生产景观丰富——有机结合，增加业态
——农业生产与生态农业建设以及旅游休闲观光有机结合起来，建立多种能了一体的旅游景观

活动多元化——活动大众参与，感性多村
——旅游活动的多样化，真实体现乡村生活，增加乡村旅游的大众参与度

节庆多样化——节庆享乡，特色凸显
——举办大型节庆活动，吸引着来自世界各地的度假游客

■ 案例启示
● 农业与旅游业相结合的产业，两者相得益彰
● 重体验，增加旅游项目趣味性，与节庆等结合
● 生态景观设计不可忽视，塑造优美乡村风光

日本岐阜县白川乡合掌村

模式经验

保护原生态建筑
——村落中的茅草屋建筑，全部由当地山木建造且不用一颗铁钉
建立合掌民家园博物馆
——针对风貌进行"合掌民家园"的景观规划设计，"合掌屋建造物馆"内展示了合掌屋茅草屋建筑的结构、材料以及建构方法的模型
——当地农产品以及加工的健康食品与旅游直接挂钩

开发传统文化资源
——挖掘当地文化传统的各种节日来增加旅游项目

民宿与旅游的结合
——由于旅游者越来越多，留宿过夜、享受农家生活的客人也随之增多

贵州省黎平县肇兴村

模式经验：

肇兴村调整产业结构，从较低附加值的农业转变为中高附加值的服务业，打造特色民宿、特色农家菜，出产特色商品、绿色食品，使贫困人口迅速脱贫致富。

开发特色旅游资源 → 形成特色旅游产品 → 构建旅游产业链 → 吸引旅游消费市场 → 带动贫困人口参与

一产 种植业＋养殖业 ＋ 三产 食宿＋旅游商品

一产 种植业＋养殖业 → 二产 农产品加工 → 三产 食宿＋旅游商品＋休闲娱乐

山谷清幽，柿美石臼

—基于"产，村，景"一体化发展下的天津市蓟州区石臼村乡村规划设计

村域发展现状规划

村域用地布局展划图

■ 村域用地平衡表

村域用地平衡表			
用地代码	用地性质	用地面积（公顷）	占比（%）
	村庄建设用地	8.14	5.62%
V1	村民住宅用地	2.93	2.02%
V11	住宅用地	2.93	2.02%
	村庄公共服务用地	2.00	1.38%
V21	村庄公共管理用地	0.19	0.13%
V2	村庄文化体育用地	0.13	0.09%
V22	村庄小广场	0.20	0.14%
V22	村庄小绿地	1.48	1.02%
	村庄产业用地	1.03	0.71%
V3	村庄商业服务业设施用地	0.58	0.40%
V32	村庄工业用地	0.45	0.31%
	村庄基础设施用地	2.18	1.51%
V4	村庄道路用地	1.94	1.34%
V42	村庄交通设施用地	0.24	0.17%
	非建设用地	136.67	94.38%
E1	水域	0.37	0.26%
E13	坑塘沟渠	0.37	0.26%
	农林用地	136.3	94.12%
E2	设施农用地	48.47	33.47%
E23	其他农林用地	87.83	60.65%
	合计	144.81	100.00%

■ 用地汇总

2% 1% 1% 2% 0.1%
94%

图例
- 村民住宅用地
- 村庄公共服务用地
- 村庄产业用地
- 村庄基础设施用地
- 水域
- 农林用地

图例
- 村民住宅用地
- 村庄公共管理用地
- 村庄文化体育用地
- 村庄小广场
- 村庄小绿地
- 村庄商业服务业设施用地
- 村庄工业用地
- 村庄道路用地
- 村庄交通设施用地
- 坑塘沟渠
- 其他农林用地

村域功能分区规划图

图例
- 居住区
- 产业发展区
- 生态保育区
- 农业发展区

村域道路系统规划图

图例
- 省道
- 村道
- 水系
- 停车场
- 公交站

村域产业分区规划图

图例
- 柿子种植区
- 旅游服务区
- 柿子种植区
- 菌种种植区
- 松林
- 野生树林

村域空间管制规划图

图例
- 适建区
- 限建区
- 禁建区

设计研究

■ 细胞理论模式应用

居住 → 居住 旅游 / 居住 工业 → 旅游 / 工业 / 商业 / 居住

■ 方案设计演变

提取现状道路要素 | 利用周边资源要素 | 路径用合串联资源要素 | 演化功能分区

■ 肌理分析

道路肌理 | 公共空间肌理 | 庭院肌理 | 建筑肌理

用地布局规划

图例
- 村民住宅用地
- 村庄公共管理用地
- 村庄文化体育用地
- 村庄小广场
- 村庄小绿地
- 村庄商业服务业设施用地
- 村庄工业用地
- 村庄道路用地
- 村庄交通设施用地
- 坑塘沟渠
- 其他农林用地

村庄用地平衡表			
用地代码	用地性质	用地面积（公顷）	占比（%）
	村庄建设用地	8.14	42.86%
V1	村民住宅用地	2.93	15.43%
V11	住宅用地	2.93	15.43%
	村庄公共服务用地	2.00	10.53%
V21	村庄公共管理用地	0.19	1.00%
V2	村庄文化体育用地	0.13	0.68%
V22	村庄小广场	0.20	1.05%
V22	村庄小绿地	1.48	7.79%
	村庄产业用地	1.03	5.42%
V3	村庄商业服务业设施用地	0.58	3.05%
V32	村庄工业用地	0.45	2.37%
	村庄基础设施用地	2.18	11.48%
V4	村庄道路用地	1.94	10.22%
V42	村庄交通设施用地	0.24	1.26%
	非建设用地	10.85	57.14%
E1	水域	0.37	1.95%
E13	坑塘沟渠	0.37	1.95%
	农林用地	10.48	55.19%
E2	设施农用地	3.62	29.29%
E23	其他农林用地	4.86	25.59%
	合计	18.99	100.00%

山谷清幽，柿美不园

——基于"产，村，景"一体化发展下的天津市蓟州区石臼村乡村规划设计

规划总平面图

方案解构

植被层

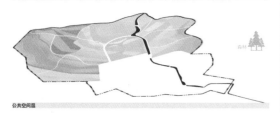

公共空间层

乔灌木层
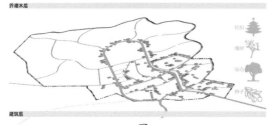

建筑层

道路层

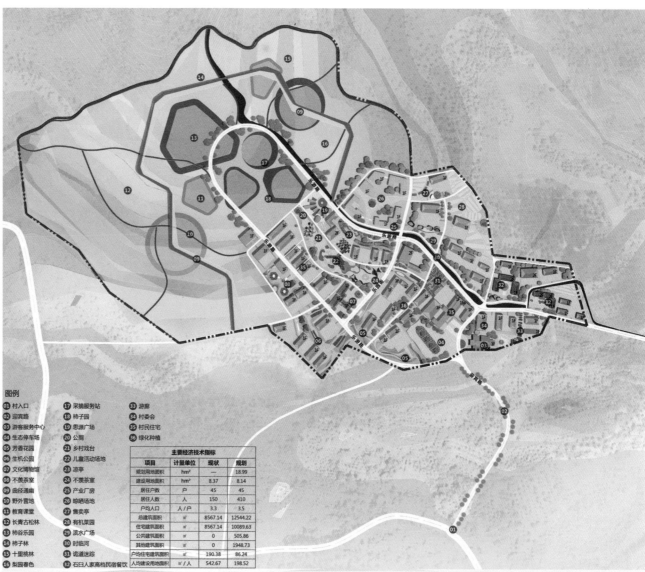

图例

01 村入口	17 采摘服务站	33 游廊
02 迎宾路	18 柿子园	34 村委会
03 游客服务中心	19 思源广场	35 村民住宅
04 生态停车场	20 公园	36 绿化种植
05 芳香花园	21 乡村戏台	
06 生机公园	22 儿童活动场地	
07 文化博物馆	23 凉亭	
08 不羡茶室	24 不羡茶室	
09 曲径通幽	25 产业厂房	
10 野外营地	26 晾晒场地	
11 教育课堂	27 售卖亭	
12 长青古松林	28 有机菜园	
13 柿谷乐园	29 滨水广场	
14 柿子林	30 时临河	
15 十里桃林	31 诡道迷踪	
16 梨园春色	32 石臼人家高档民宿餐饮	

主要经济技术指标

项目	计量单位	现状	规划
规划用地面积	hm²	—	18.99
建设用地面积	hm²	8.37	8.14
居住户数	户	45	45
居住人数	人	150	410
户均人口	人/户	3.3	3.5
总建筑面积	m²	8567.14	12544.22
住宅建筑面积	m²	8567.14	10089.63
公共建筑面积	m²	0	505.86
其他建筑面积	m²	0	1948.73
户均住宅建筑面积	m²	190.38	86.24
人均建设用地面积	m²/人	542.67	198.52

山谷清幽，柿美石臼

——基于“产，村，景”一体化发展下的天津市蓟州区石臼村乡村规划设计

鸟瞰图

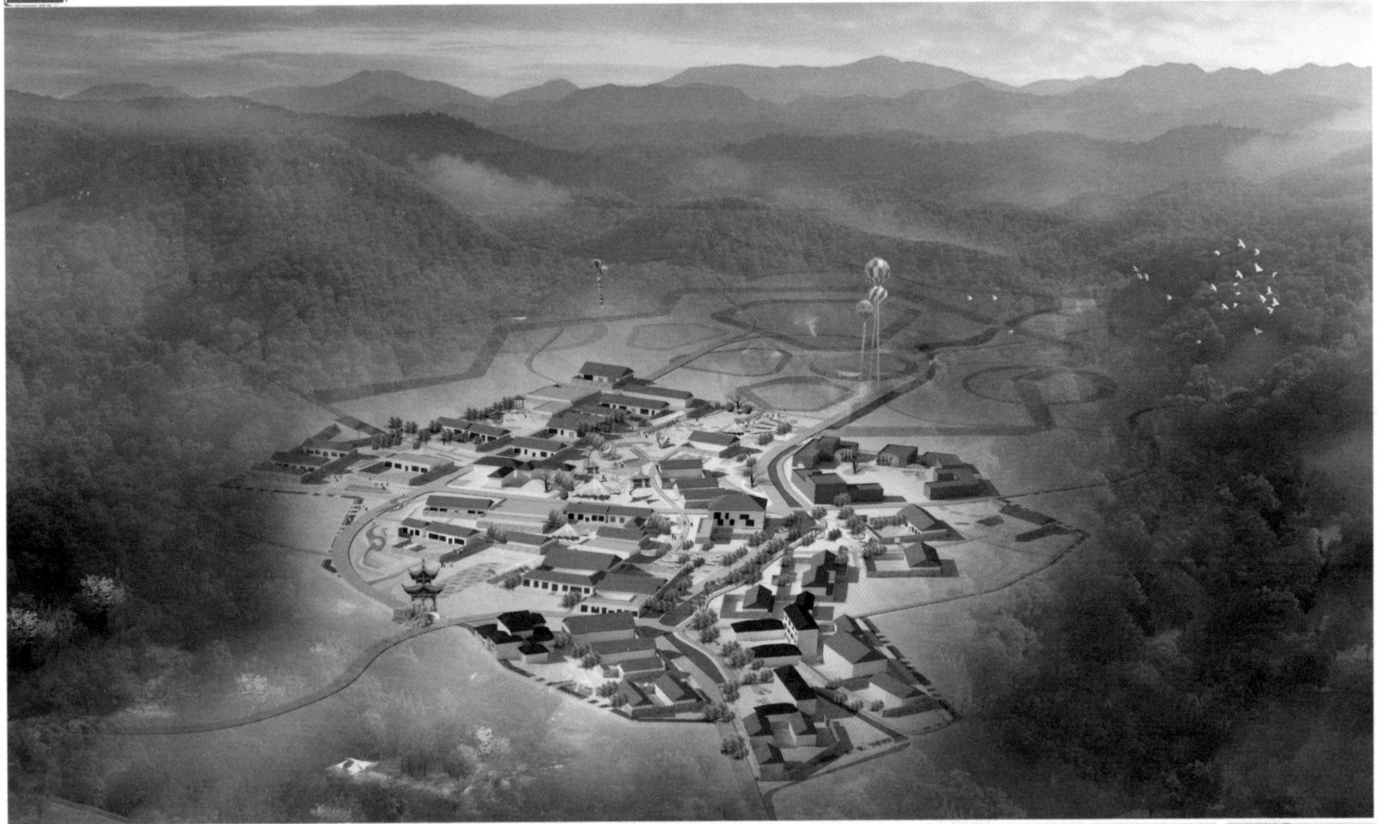

规划分析图

规划结构图

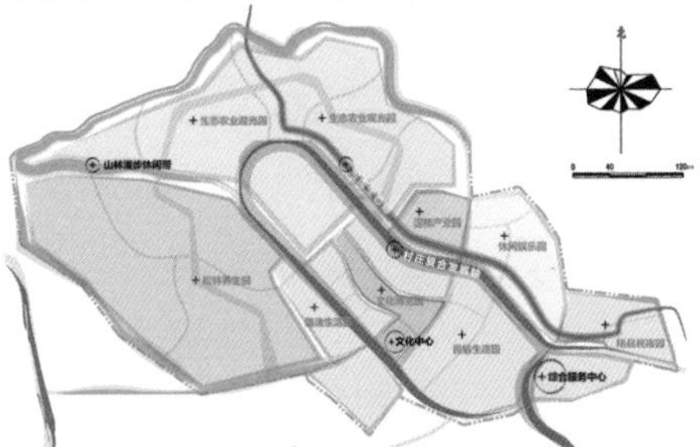
山林漫步休闲带
文化中心
综合服务中心

“两轴” “一带” “双心” “七分区”

功能分区规划图

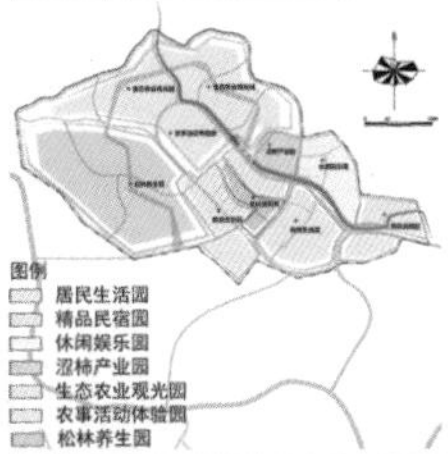
图例
居民生活园
精品民宿园
休闲娱乐园
涩柿产业园
生态农业观光园
农事活动体验园
松林养生园

道路系统规划图

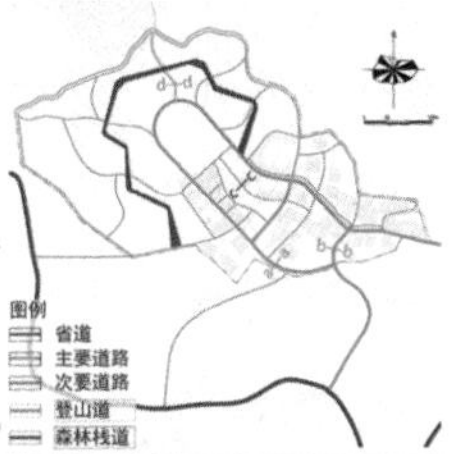
图例
省道
主要道路
次要道路
登山道
森林栈道

景观结构规划图

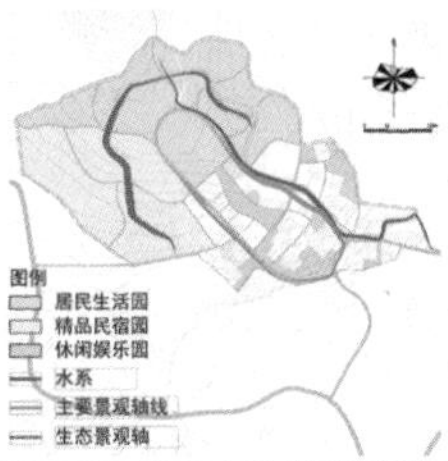
图例
居民生活园
精品民宿园
休闲娱乐园
水系
主要景观轴线
生态景观轴

道路横断面规划图

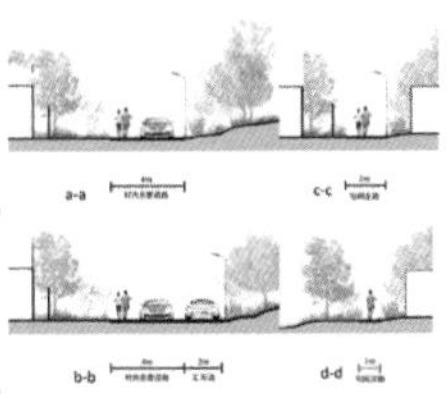
a-a
c-c
b-b
d-d

公共服务设施规划图

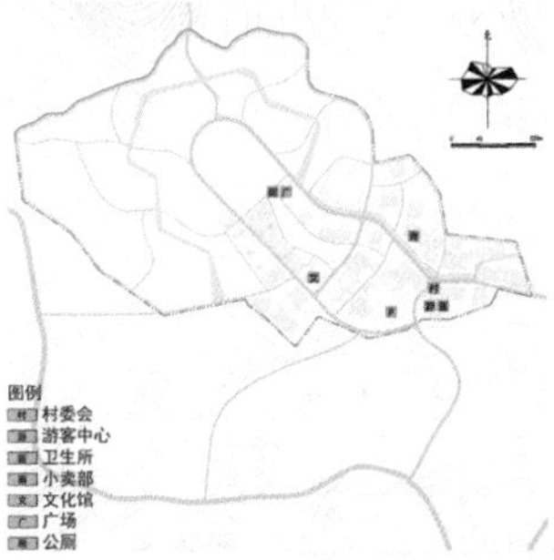
图例
村委会
游客中心
卫生所
小卖部
文化馆
广场
公厕

给水工程规划图

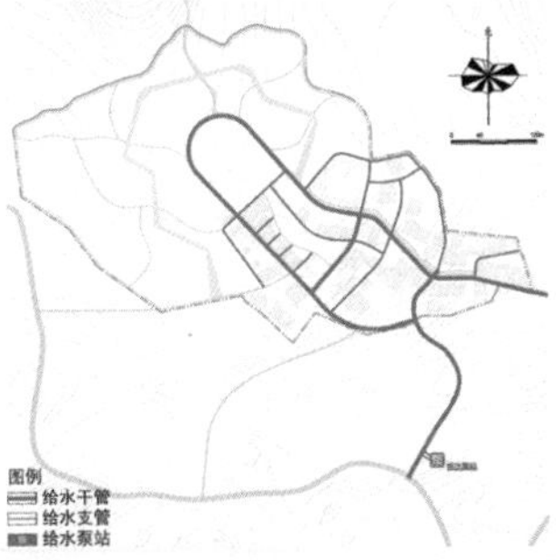
图例
给水干管
给水支管
给水泵站

排水工程规划图

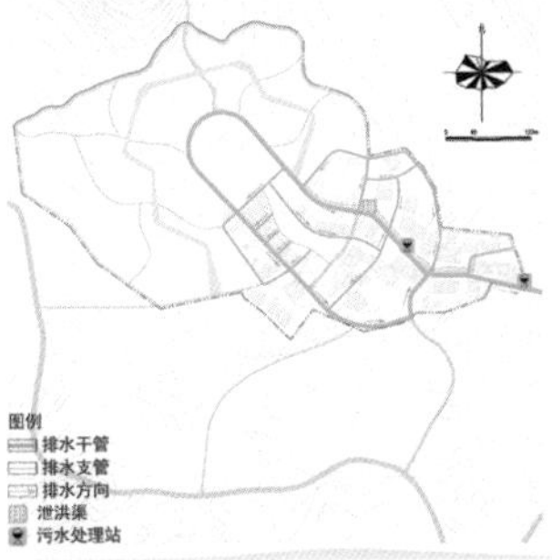
图例
排水干管
排水支管
排水方向
泄洪渠
污水处理站

电力工程规划图

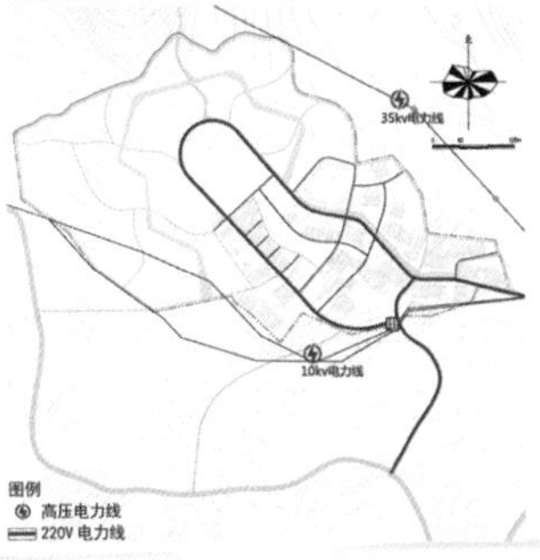
35kv电力线
10kv电力线
图例
高压电力线
220V电力线

环卫设施规划图

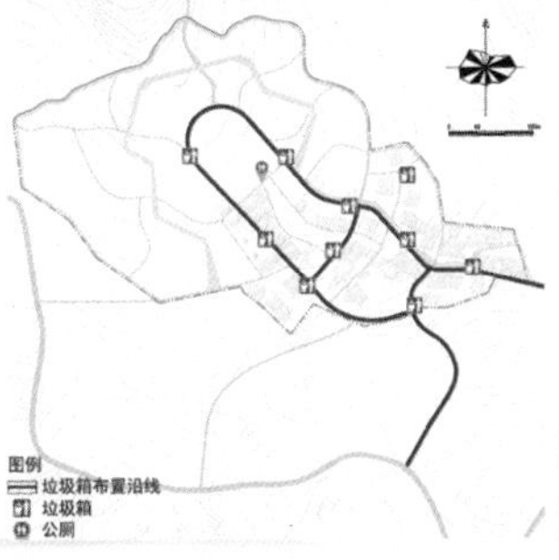
图例
垃圾箱布置沿线
垃圾箱
公厕

综合防灾规划图

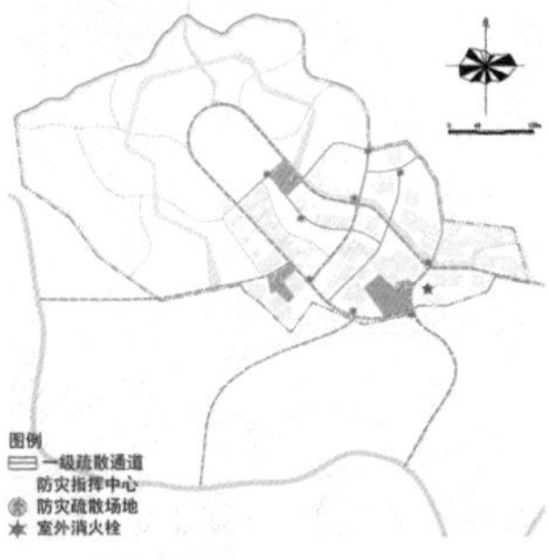
图例
一级疏散通道
防灾指挥中心
防灾疏散场地
室外消火栓

山谷清幽，柿美石臼

——基于"产，村，景"一体化发展下的天津市蓟州区石臼村乡村规划设计

■ logo 设计

■ 主题分区

■ 游线组织

■ 趣味游览地图

形象口号

山谷清幽　柿美石臼
——蓟州 · 石臼

■ 线上宣传

APP朋友圈界面	租房系统界面	民宿预约界面	个人信息界面

■ 主题活动

活动主题
优势条件
活动范围
活动次数
活动时间
活动时长
活动目标

美好石臼

第一天
7:30—8:30

第二天

■ 时间计划

日出　柿子节　购物农家菜　骑行，摄影　购物，野炊

文旅

运动

养生

■ 实施策略

深化现有柿子基础　增加旅游产品策划　建设配套服务设施

山谷清幽，柿美石臼

—— 基于"产，村，景"一体化发展下的天津市蓟州区石臼村乡村规划设计

专项设计

村庄重要节点详细设计

滨河岸线景观
01 民宿
02 庭院
03 滨水景观
04 座椅
05 有机菜园
06 亲水凉亭
07 树丛

生机公园与芳香花园
01 花丛
02 树木
03 长椅
04 公园绿地
05 小径
06 庭院
07 小品

文化博物馆
01 花丛
02 孤植
03 铺装
04 小品
05 栈道
06 花园
07 小径

依林茶室
01 花丛
02 孤植
03 铺装
04 小品
05 栈道
06 花园
07 小径

乡野公园
01 凉亭
02 儿童活动场地
03 网架
04 看台
05 售卖亭
06 孤植
07 农家

专项设计

建筑设计指引

建筑拆改留示意图　拆除建筑　保留建筑

建筑色彩与材料指引　庭院设计指引　院落空间改造　院落整治意向

村庄环境整治指引

标识系统设计

村庄介绍牌设置　警示关怀牌设计
村庄导向指示牌设置　服务设施标识牌设置

村庄风貌保护研究

风貌定位
以原生态为基础，融合乡村风情、柿子文化的"美丽·石臼生态谷"

风貌要素
柿林、一水、两分谷；山路、村间游路、特色村屋。

柿　路　屋　水　山

天津城建大学

吉林建筑大学　天津城建大学　山东建筑大学　北京建筑大学　沈阳建筑大学　内蒙古工业大学

2019 北方规划教育联盟联合毕业设计以"天津市蓟州区乡村规划与设计"为题，探索新型城镇化和乡村振兴之路，契合了国家出台的《乡村振兴战略规划（2018—2022 年）》政策，同时也是天津市村庄振兴发展亟待解决的内容。穿芳峪镇东井裕村、石臼村是天津市蓟州区具有普遍代表意义的村庄，具有良好的自然资源，在城镇化进程中不断发生着变化，青壮年劳动力大量外出打工，村庄老龄化严重，它们需要突破常规寻求其发展振兴之路。北方规划联盟各兄弟院校的师生以此为契机，通过实地调研，挖掘村庄发展资源，提出了村庄发展振兴的适宜性策略。本次联合毕业设计将专业教育及发展与社会实践需要紧密结合，共同推进了乡村规划教学研究及交流。

朱凤杰

2018 年是全面实施乡村振兴战略的开局之年，也是北方规划教育联盟联合毕业设计的起始之年。联合毕业设计将主题聚焦"村庄规划"，可谓意义深远。回顾这近一年的毕设旅程，北方规划教育联盟六校的师生，在北风呼啸的天津开启了开题和调研工作，在春意盎然的济南进行了中期汇报，在初夏清凉的长春完成了毕业答辩。联合毕设为联盟六所院校的学生们提供了不同于传统毕设教学、立意创新的优质平台。在教学质量的提升、专业价值观的树立、职业素质的培养等方面，都实现了更高水准的教学目标。

本次毕业设计的题目为"天津市蓟州区村庄规划设计"，其中蕴含的复杂问题、丰富层次、多元性解答等，都为本次联合毕设带来了全新的思考要求，并最终转化为同学们学习与设计的乐趣。经过一个学期的调研、分析、设计，六校同学为我们呈现出他们心中"多姿多彩，三生三美"的蓟州乡村生活新画卷，同学们基于自己年轻的个人体悟，尝试用思考与责任关注社会与生命，用热情与自信创新表现手法，用专业知识解决实际问题。北方规划教育联盟首届联合毕设结束之际，同学们即将跨出校门，开启新的旅程，在此希望同学们始终追随心中梦想，永远走在希望的田野上！

宫同伟

任意飞

　　人生永远比想象来的奇妙，五年的时光，大学时代的最后一次设计带来了一次乡村规划的新尝试，带来了一对我与王海铭的新组合，也带来了一场联合毕设的全新体验。

　　有人说这世界上没有真正的感同身受，但是我们规划要做的就是尽可能地去探寻每一位村民的真正需求，尽可能地去规划出真正适合这个村庄发展的模式，尽可能地去做到感同身受，即使会有差距，我们也要不遗余力。

　　农村向往城市，城市向往农村仿佛成了这个世界的隐藏形态，也许让每一个人都能在自己的方圆中感受到美好，才是我们规划师努力的方向。

　　有开始便有结束，这一场联合毕设的旅程最终还是告一段落，回忆过去的点点滴滴，心怀感恩。感恩人生中的每一次机会、每一次体验，感恩老师的悉心指导，感恩海铭同学的暖心陪伴，感恩联合毕设，感恩我们相遇在这最美好的年华。毕业不是终点，期待我们在未来的路上也可以不期而遇！

王海铭

　　五个月，146天，一个村，三座城，从开题天津调研初识东井峪，到中期济南汇报深入探讨，到终期长春结题方案汇报，我们了解到了现阶段东井峪村民最根本和急迫的生活需求，也体验到以往在城市中从未有过的生活形态。

　　当地的生活条件比我想象中更加艰苦，冬天由于天气寒冷、水管容易冻结，便没有自来水的供给；夏天由于时常会有暴雨，村庄内部的泥土道路便会泥泞不堪；村子里缺乏公共活动和阅读空间，孩子只能在泥土道上嬉戏，老人只能在门前大树下乘凉。这些困难和问题让我不断问自己，到底在规划设计中能为村民和村子带来什么实际帮助和解决措施。

　　在设计的过程中，我慢慢明白了乡村规划并不需要潮流酷炫的设计形式，不需要大而空的产业提升策略，而需要的是对现状有全面了解和把握后的定量分析，并依托乡村的优势特色，进而提升产业模式，改善人居环境。其中，最困难的是如何转变原有城市规划思维，扎根于村庄，去解决村民最根本的需求，才能更好地使村庄可持续发展。很幸运自己能有机会参加本次的联合毕设，从其他学校的设计中看到了自己的不足和发展空间，感谢朱老师的指导，队友的配合为我的本科学习生涯画上一个圆满的句号。

毕业设计是我们在本科学习阶段的最后一项任务了，是对所学专业理论知识和作图能力的一种综合应用。非常有幸参与了北方规划联盟联合毕业设计，这是我们步入社会参与实际工作的一次极好的演练，也是对我们的专业能力和合作能力的一次考验，是学校生活与未来工作间的过渡。

　　在完成毕业设计的过程中，遇到了很多困难，是以前学习过程中没有遇到过的问题，发现了自己在许多方面的欠缺，在面对自己很难解决的问题时，经过了老师的悉心指导和同学间的交流，克服了困难，从而顺利地完成这次毕业设计。这次联合毕业设计，是我第一次接触乡村规划，很多了解还浮于表面，很多问题还需要深入思考，未来的学习还要更加刻苦的钻研。

　　毕业之际，非常幸运参与本次联合毕业设计，不仅收获了更多的知识，更加深了与老师和同学间的情谊，也收获了与六校同学间的友谊。感谢北方规划教育联盟这个平台，让我可以受到六校老师的指导，与六校同学进行思想碰撞，期待未来大家的再次相聚！

王东琪

　　毕业设计是我们作为学生在学习阶段的最后一个环节，是对所学基础知识和专业知识的一种综合应用，是一种综合的再学习、再提高的过程。我非常幸运，能参与北方规划教育联合毕业设计。我们六个学校的同学一起去蓟州区调研，在济南进行中期汇报，最后在长春进行最终答辩。

　　在做毕业设计的过程中，遇到了很多困难，而且很多是以前没遇到过的问题，发现自己在很多方面知识的欠缺。在遇到自己很难解决的问题时，在查阅了一些资料和指导老师的帮助下，这些问题才得以解决，从而顺利地完成这份毕业设计。

　　总之，这次六校联合毕业设计使我收获颇丰。在这个过程中，我不止学到很多知识，同时也加深了和指导老师的师生情，收获了和搭档的友情，还有和其他学校同学的友情。在此我衷心感谢北方规划教育联盟这个平台，让我能有幸参与联合毕业设计。衷心感谢我的指导老师和我的搭档，感谢他们在这毕业设计过程中给我的帮助！

苏燕枝

宜居宜游
自在东井

——天津市蓟州区穿芳峪镇东井峪村庄规划

学校：天津城建大学
指导教师：朱凤杰
设计团队：王海铭、任意飞

东井峪村

发展趋势

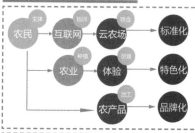

政策背景

国家层面

					蓟州层面
1 乡村振兴战略规划	打造生活、生产、生态空间	突出地方特色	打好乡村振兴攻坚战
2 农村人居环境整治	农业农村优先发展 环境卫生、村容村貌治理	防止"千村一面" 发挥农民主体作用	多渠道保就业促稳定
3 村庄规划工作意见	规划管理、财政及社会支持	提供驻村指导用	推进乡村旅游提质增效

2018年中共中央国务院印发的《农村人居环境整治三年行动方案》以及《乡村振兴战略规划》，先后提出人居环境整治、农业农村发展、三生空间布局等提议；同年1月4日发布的《关于统筹推进村庄规划工作的意见》提出了多规合一、突出特色等重要指示，此外蓟州区政府在乡村振兴、就业、旅游等方面提供了政策支持。

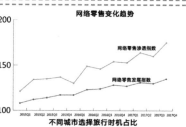

上位规划

天津市蓟州区穿芳峪镇总体规划（2016—2030年）

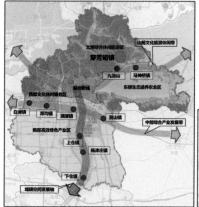

天津市蓟州区穿芳峪镇总体规划（2016—2030年）

天津市蓟州区穿芳峪镇总体规划（2016—2030年）

天津市蓟州区穿芳峪镇总体规划（2016—2030年）

天津市蓟州区穿芳峪镇总体规划（2016—2030年）

天津市蓟州区穿芳峪镇总体规划（2016—2030年）

天津市蓟州区穿芳峪镇总体规划（2016—2030年）

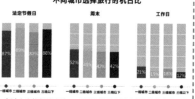

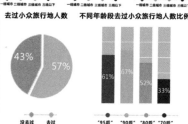

第一财经商业报告
2018年国民旅游消费新趋势洞察报告

综合天津市蓟州区总体规划及旅游发展规划，穿芳峪镇定位以旅游服务为重点，在此大背景下，天津市蓟州区穿芳峪镇总体规划中强调生态保护，规划电瓶车点，东井峪村在服务范围内；此外，东井峪村位于马平公路服务发展沟，林地资源丰富，存在适建区、限建区与禁建区，规划打造东井峪村公交场站，未来对外交通将更加便利。

创意农业、体验农业、农业品牌化、农业产品化以及互联网零售正在成为小规模农业发展重点；旅游市场中小众、"网红"、探险、品质、美食、文创等特点正在成为主流，一日游、周末游也成为趋势。

⛰ 区位分析

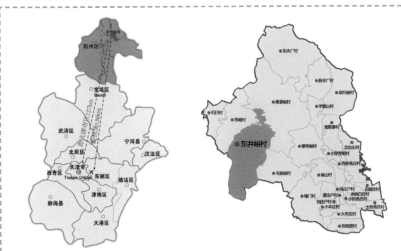

🏠 东井峪村位于天津市蓟州区穿芳峪镇西南部，北与芳峪村、果香峪村相连，东与毛家峪村相连，对外交通为津围北二线与 S301 省道。

⛰ 村群分析

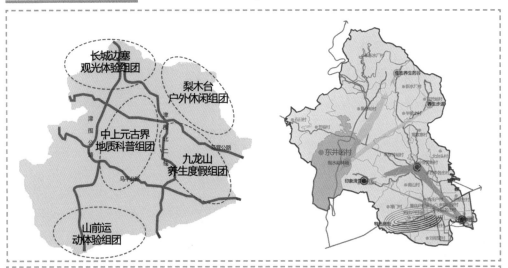

🏠 东井峪村位于养生度假组团，周边存在观光、户外、科普、运动等功能组团，在本组团内部，存在养生、林场、滑雪以及香草等功能，东井峪村养生资源相对较弱。

⛰ 生态条件

高程分析　　　　　坡度分析　　　　　用地分析

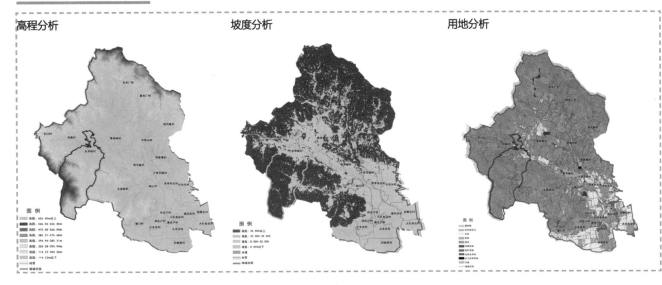

🏠 东井峪村处于次基本稳定区，位于东西向干谷之上，北邻丘陵，高程 75—115m，为Ⅱ类场地；村台范围地势较为平坦，基岩基本不出露，整体北高南低，西高东低。

东井峪村位于较富水域，据《蓟县区域地质调查报告》单井用水量 1000—3000m³/d，地下水类型为中新元古界碳酸盐岩岩溶裂隙水和碎屑岩夹碳酸盐岩岩溶地下水。

东井峪村属暖温半干旱—半湿润大陆季风气候区，四季分明，季风显著。春季少雨多风；夏季炎热多雨；秋季温差较大；冬季干冷少雪。一月最冷，七月最热，年温差 30℃以上。此外，东井峪村林地资源丰富，覆盖率达 95.77%。

人口经济

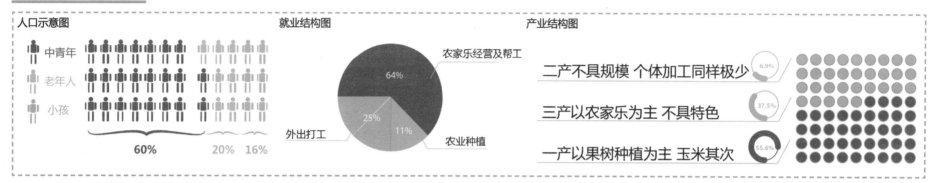

人口示意图

中青年
老年人
小孩

60% 20% 16%

就业结构图

农家乐经营及帮工 64%
外出打工 25%
农业种植 11%

产业结构图

二产不具规模 个体加工同样极少 6.9%

三产以农家乐为主 不具特色 37.5%

一产以果树种植为主 玉米其次 55.6%

建筑分析

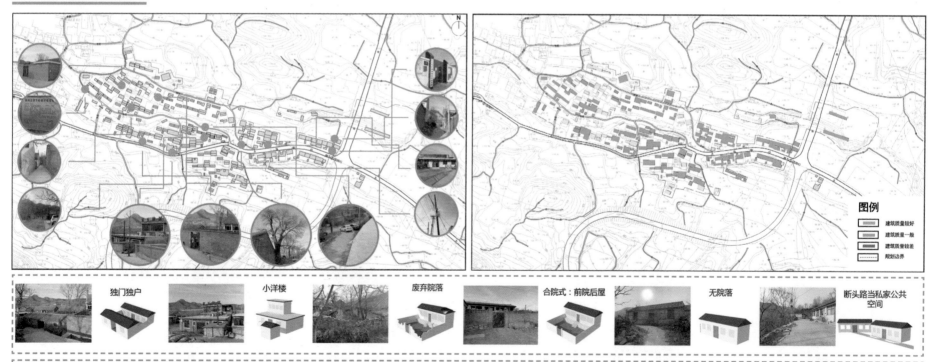

图例

建筑质量较好
建筑质量一般
建筑质量较差
规划边界

独门独户　小洋楼　废弃院落　合院式：前院后屋　无院落　断头路当私家公共空间

古老与现代穿插建设，使得建筑风貌参差不齐，一些历史久远或者有代表性的建筑由于年久失修，未能充分发挥其特色；传统民居以石头房为代表，现代建筑以瓷砖和涂料为主；村庄整体缺少系统性。现状建筑二类建筑较多，占60%，三类建筑其次，一类建筑最少。
东井峪村景观现状较差，主要景观为山间的果园以及街道两侧的绿化，没有大块的公共活动场地和绿化景观，院落形式共六种。

探索方向

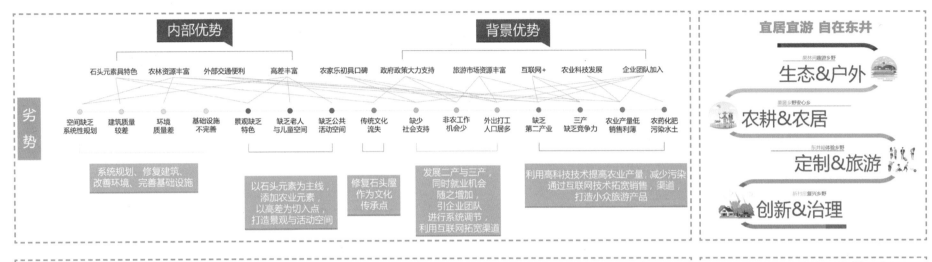

内部优势

背景优势

石头元素具特色　农林资源丰富　外部交通便利　高差丰富　农家乐初具口碑　政府政策大力支持　旅游市场资源丰富　互联网+　农业科技发展　企业团队加入

劣势

空间缺乏系统性规划　建筑质量较差　环境质量差　基础设施不完善　景观缺乏特色　缺乏老人与儿童空间　缺乏公共活动空间　传统文化流失　缺少社会支持　非农工作机会少　外出打工人口居多　缺乏第二产业　三产缺乏竞争力　农业产量低销售利薄　农药化肥污染水土

系统规划、修复建筑、改善环境、完善基础设施

以石头元素为主线，添加农业元素，以高差为切入点，打造景观与活动空间

修复石头屋作为文化传承点

发展二产与三产，同时就业机会随之增加，引企业团队进行系统调节，利用互联网拓宽渠道

利用高科技技术提高农业产量，减少污染通过互联网技术拓宽销售，渠道，打造小众旅游产品

 通过对背景以及现状的研究，将内部优势与背景优势作用在劣势上，在环境、空间、文化、产业以及就业方面提出我们的探索方向。
设计中充分利用石头元素，以石头元素为切入点贯穿主线。

发展目标

宜居宜游 自在东井

果林润趣游乡野
生态&户外

美居乡野安心乡
农耕&农居

东井馆体验乡野
定制&旅游

新村庄复兴乡野
创新&治理

结合生态、农耕、农居、旅游，从创新治理出发，提出宜居宜游，自在东井的发展目标。

规划思路

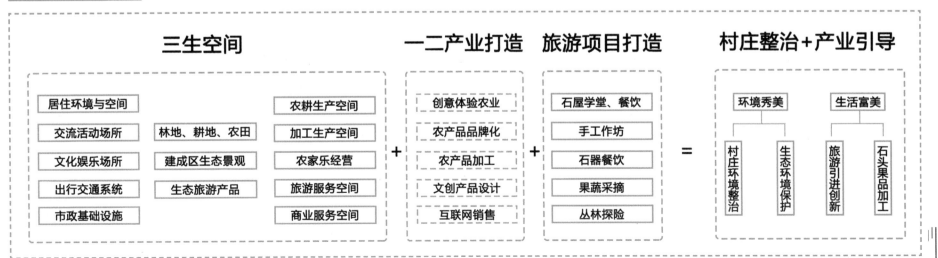

三生空间　　**一二产业打造**　　**旅游项目打造**　　**村庄整治+产业引导**

居住环境与空间
交流活动场所　　林地、耕地、农田
文化娱乐场所　　建成区生态景观
出行交通系统　　生态旅游产品
市政基础设施

农耕生产空间
加工生产空间
农家乐经营
旅游服务空间
商业服务空间

创意体验农业
农产品品牌化
农产品加工
文创产品设计
互联网销售

石屋学堂、餐饮
手工作坊
石器餐饮
果蔬采摘
丛林探险

环境秀美
村庄环境整治　生态环境保护

生活富美
旅游引进创新　石头果品加工

+　**+**　**=**

设计理念

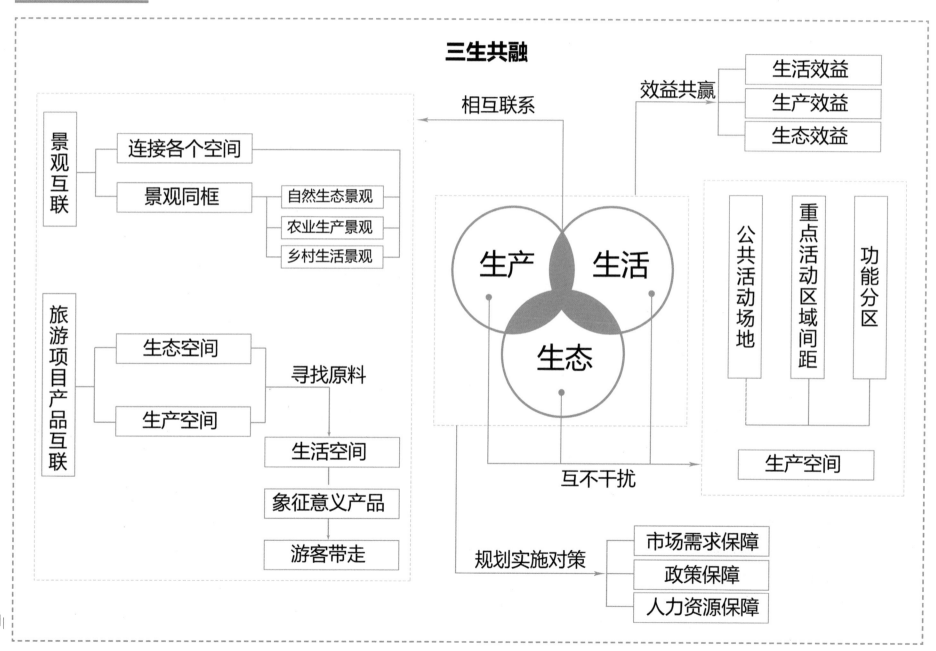

三生共融

景观互联
- 连接各个空间
- 景观同框
  - 自然生态景观
  - 农业生产景观
  - 乡村生活景观

旅游项目产品互联
- 生态空间
- 生产空间

寻找原料
生活空间
象征意义产品
游客带走

相互联系

生产　生活
生态

效益共赢
- 生活效益
- 生产效益
- 生态效益

公共活动场地　重点活动区域间距　功能分区

生产空间

互不干扰

规划实施对策
- 市场需求保障
- 政策保障
- 人力资源保障

现状要素分析

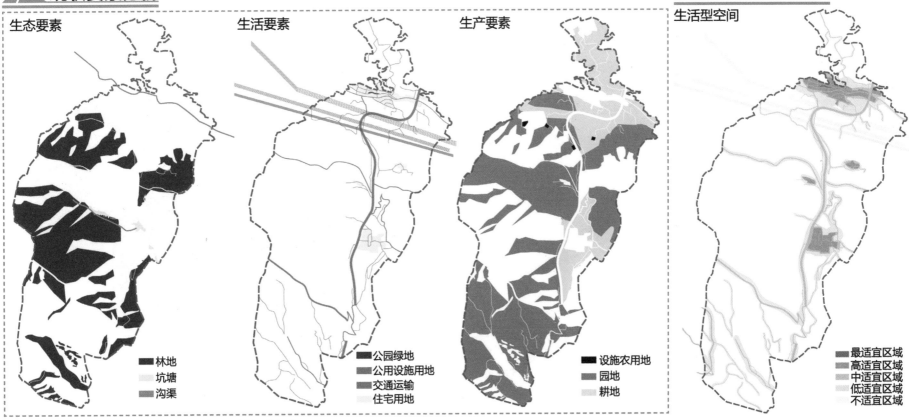

生态要素

生活要素

生产要素

■ 林地
  坑塘
■ 沟渠

■ 公园绿地
  公用设施用地
■ 交通运输
  住宅用地

■ 设施农用地
■ 园地
  耕地

空间适宜性评价

生活型空间

■ 最适宜区域
■ 高适宜区域
  中适宜区域
  低适宜区域
  不适宜区域

表：区域乡村空间适宜性评价标准

类型	要素	评价因子	因子定量化描述				
			最适宜	高适宜	中适宜	低适宜	不适宜
生态类型	林地	坡度	0°~5°	5°~15°	15°~25°	25°~35°	≥35°
		植被覆盖度	≥0.75	0.55~0.75	0.35~0.55	0.2~0.35	<0.2
	河流沟渠坑塘	水质	Ⅰ类	Ⅱ类	Ⅲ类	Ⅳ类	Ⅴ类
生产类型	耕地	土壤质地	棕壤土	褐土	粟钙土	潮土	盐渍土
	园地	坡度	≤2°	2°~6°	6°~15°	15°~25°	>25°
	设施农用地	坡度(%)	0.2~2	2~5	5~8	8~10	<0.2 或 >10
生活类型	住宅用地	人均占地面积	40	35	30	25	≤25
		公共服务半径	>2000	1000~2000	500~1000	200~500	<200
	公园与绿地	绿地开放度	完全开放	开放	局部开放	限制开放	不开放
		绿地面积(㎡)	>10000	5000~10000	2000~5000	500~2000	<500
	交通运输用地	交通便捷度	交通通行能力极高，通行能力极强	交通通行能力强，服务水平高	交通通行能力一般，服务水平一般	交通通行能力差，服务水平低	无交通通行能力
	公共管理与公共服务用地	人均占地面积	>6.5	6~6.5	5.5~6	5~5.5	≤5

表格引用于《基于"三生"空间协调的乡村空间适宜性评价与优化——以雄安新区北沙口为例》

对规划区域的踏勘和图像资料采集，参照我国土地利用现状分类，对不同的乡村空间要素按照生产、生活和生态三种类型进行空间因子识别与分类。空间适宜性评价是指在一定的技术条件下的土地资源作为建设用地进行开发利用的适宜程度。

主要原理是对多重功能和环境要素中空间的最佳适宜程度进行定量描述，即按照一定的评价标准和评价方法对一个特定区域内按照需求提供物质存在空间的适宜程度进行说明、评定和预测。

通过"空间适宜性评价"得出的乡村空间布局与相关空间规划及各项专类规划，如交通规划图、用地规划图进行再次叠加，如各居民点建设用地现状及规划用地、乡村产业发展分布、乡村发展规模、人口密度分布、各项基础建设项目规划等。

生活空间适宜性评价

同时研究设定在生态、生产和生活三种功能下的单个要素因子的空间适宜性评价的 5 个梯度。最适宜和高适宜是指该类型对建设用途的适宜程度高；中适宜是指对建设用途的适宜程度一般；低适宜说明对建设用途的适宜程度低；不适宜是指对建设用途的适宜程度非常低，或受政策限制不适宜建设。

生态空间重构以构建完善的生态稳定性格局为目标，林地、草地、滩涂等生态用地主要以自然环境因子、用地现状条件作为评价标准。

通过整体考虑、相互比较、综合分析、合理验证过程，不断修正和调整理想模式下的乡村空间布局，实现土地利用最合理。

乡村建设适宜性综合评价

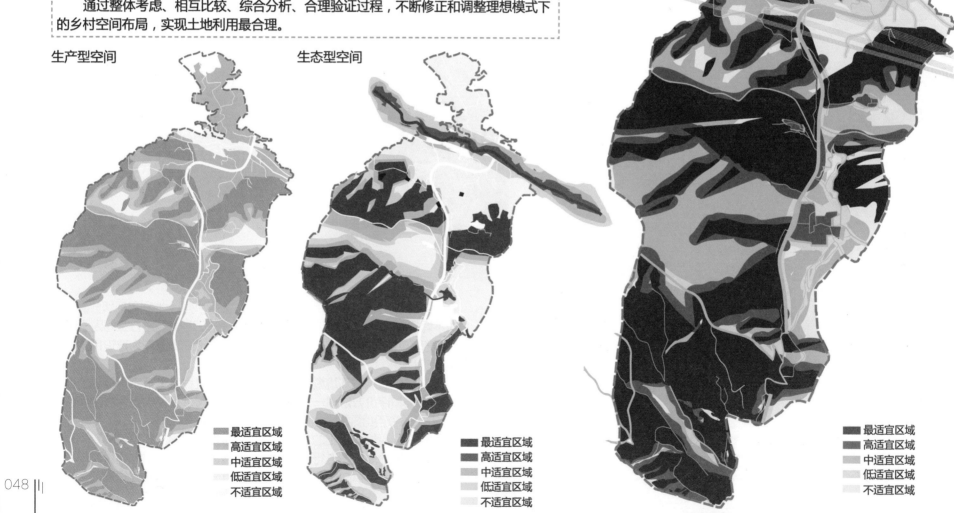

生产型空间

生态型空间

最适宜区域
高适宜区域
中适宜区域
低适宜区域
不适宜区域

最适宜区域
高适宜区域
中适宜区域
低适宜区域
不适宜区域

最适宜区域
高适宜区域
中适宜区域
低适宜区域
不适宜区域

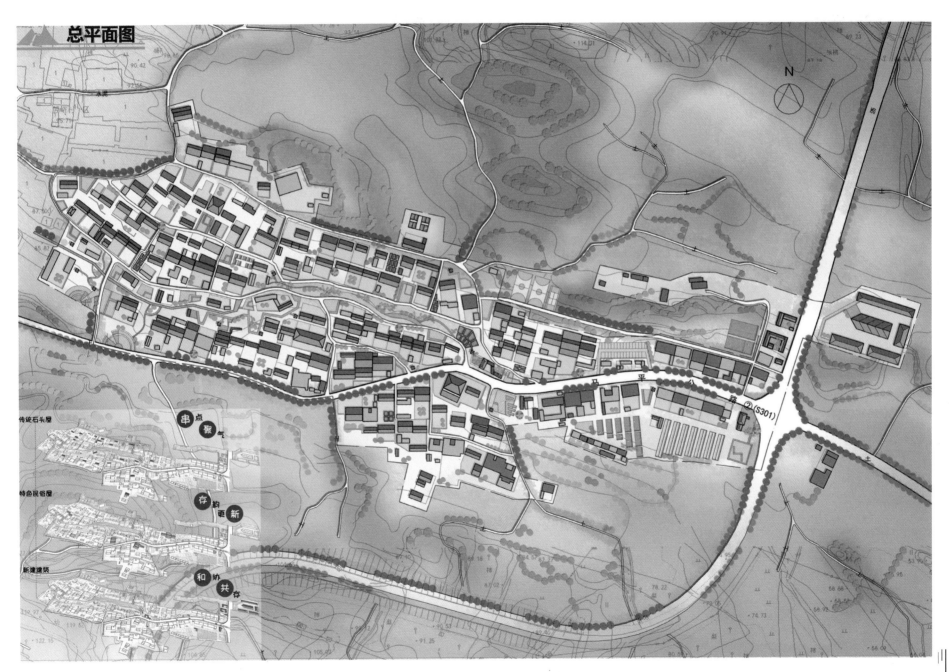

总平面图

N

传统石头屋

特色民俗屋

新建建筑

串点聚气

存旧更新

和协共存

平 公 路 ②(S301)

◢◤ 建筑整治

房屋美化

对无法支持大面积开窗和加建的房屋（以砖石木结构为主）进行结构升级，通过单个建筑的美化来提升村庄整体风貌。

建筑布局

功能分布

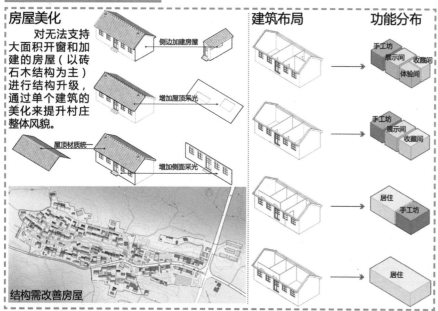

结构需改善房屋

◢◤ 院落整治

院落功能改造

现状院落空间基本处于闲置状态，只有一些零散的晾晒场和杂物堆，没有充分利用，也影响村庄整体风貌。在规划中对院落空间进行重新划分、组合、提高院落空间使用率，改善村庄景观。

院落功能改造

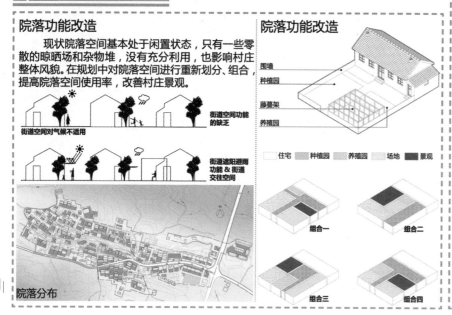

院落分布

◢◤ 系统规划

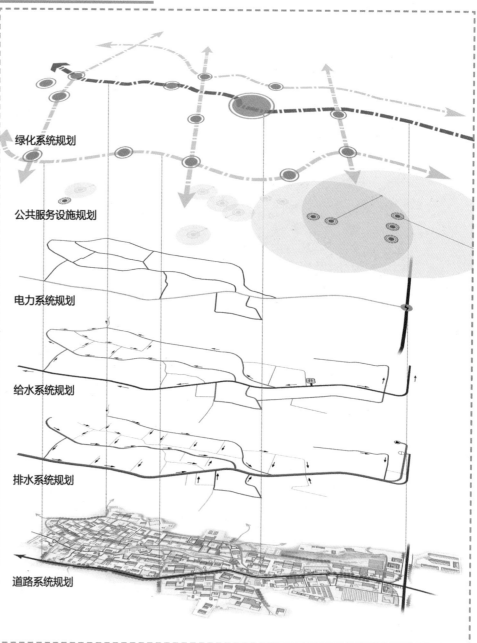

绿化系统规划

公共服务设施规划

电力系统规划

给水系统规划

排水系统规划

道路系统规划

特色旅游路线

路线一：小"石"牛刀：天生爱动手or勤劳能动手，行动不只是嘴上说说哟！

适合人群：想要锻炼自己的动手能力，或者想要体验乡村生活的你们；

适合人数：1-6人；

打卡点：蔬菜园/采摘园；果品手工作坊；石头屋；包装艺术馆/篮球场；文化之"书"。

路线二："石"业达人：商人的24小时是什么样子？就来释放你的事业心吧！

适合人群：适合家庭、友人、情侣等想要释放事业心的你；

适合人数：2-6人；

打卡点：果品、石头加工品进货点；农贸市场；互联网商户、快递中心；文化活动室。

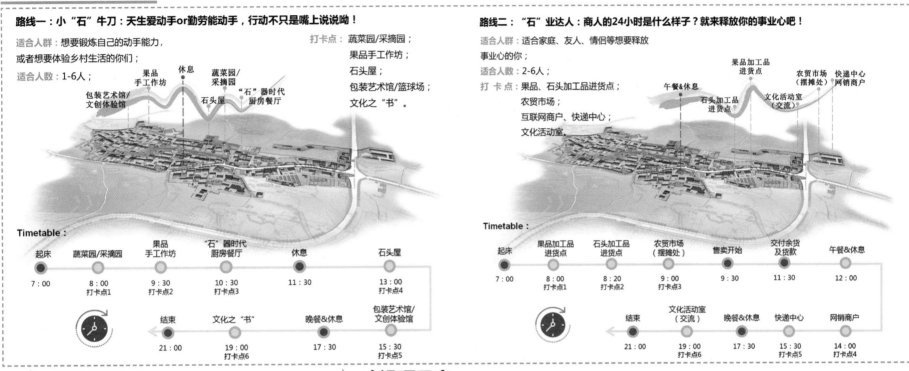

Timetable：

路线一：
起床 7：00 — 蔬菜园/采摘园 8：00 打卡点1 — 果品手工作坊 9：30 打卡点2 — "石"器时代厨房餐厅 10：30 打卡点3 — 休息 11：30 — 石头屋 13：00 打卡点4

结束 21：00 — 文化之"书" 19：00 打卡点6 — 晚餐&休息 17：30 — 包装艺术馆/文创体验馆 15：30 打卡点5

路线二：
起床 7：00 — 果品加工品进货点 8：00 打卡点1 — 石头加工品进货点 8：20 打卡点2 — 农贸市场（摆摊处）9：00 打卡点3 — 售卖开始 9：30 — 交付余货及货款 11：30 — 午餐&休息 12：00

结束 21：00 — 文化活动室（交流）19：00 打卡点6 — 晚餐&休息 17：30 — 快递中心 15：30 打卡点5 — 网销商户 14：00 打卡点4

行动规划

打基础：道路硬化建设 — 果树种植 — 村容村貌整治 — 建设农贸市场

第一年：水渠整治 — 公厕、路灯及垃圾桶设置 — 大棚建设

增功能：采摘园建设 — 茶室建设 — 攀岩建设 — 启动农贸市场

第二年：手工作坊建设 — 建设亲子采摘 — 完善农家乐

显特色：加工培训 — 运营手工作坊 — 启动攀岩+茶室 — 体验式旅游

第三年：互联网培训 — 线上线下销售 — 院落采摘

建设项目库

在三产服务业方面，通过政府主导和招商引资方式，打造亲子采摘园和茶室，项目利用村庄自身的自然资源优势，延伸一产农业和果林业产业链，对现有的农家乐进行整治和规范，优化产业管理。

在二产手工业加工方面，通过政府主导，村民主动参与，打造手工作坊，进行院落修缮、果树种植。

主题	项目分类		项目名称	整治手段	建设方式	建设时序
产业提升	服务业	亲子采摘区	采摘园种植	新增	政府主导招商引资	第2年
			采摘大棚搭建	新增	政府主导招商引资	第2年
			采摘园入口建设	新增	政府主导招商引资	第2年
		茶室	茶室建设	新增	政府主导	第3年
			攀岩建设	新增、整治	政府主导	第3年
	手工业	手工作坊	院落修缮	整治	政府主导	第2年
			果树种植	新增、整治	政府主导	第1年

鸟瞰图

石臼村

政策背景

2018年中央一号文件公布

乡村振兴战略

全名部署实施乡村振兴战略

到2030年 → 到2035年 → 到2050年

乡村振兴
取得重要进展
制度框架和政策体系基本形成

乡村振兴
取得决定性进展
农业农村现代化基本实现

乡村全面振兴
农业强 农村美
农民富 全面实现

健康养生新潮流

中国老年人人口发展趋势图（亿）

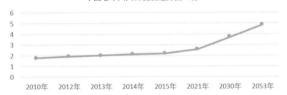

中国老龄化呈现出数量大、增长速度快的特点，据预测2030年老年人消费规模将达13万亿，中老年养生市场需求前景广阔。

2010年中老年休闲养生
消费规模达
1.4万亿元
占消费比重
11.39%

2020年
4.3万亿元
占消费比重
15.43%

2030年
13万亿元

2050年
占消费比重
28.29%

随着人口老龄化与亚健康现象的日渐普遍，人们对健康养生的需求成为一种市场主流趋势。养生旅游以一种新型业态形式出现。

区位分析

—石臼村位于天津市蓟州区，蓟州区身处京津冀，客源市场广阔。
—蓟州区石臼村
距北京 100km，
距天津中心城区 120km，
距唐山 130km。
—周边主要城市（北京，天津，唐山等河北城市）在两小时交通辐射圈内，交通便利。

—蓟州区地处津、京、唐等地区的交通要冲，有7条干线公路，14条县级公路，纵横交织，四通八达。
—北京通过京平高速通往蓟州区石臼村
天津通过津蓟高速通往蓟州区石臼村
唐山通过京哈高速转津蓟高速通往蓟县石臼村

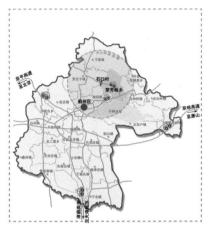

—石臼村为穿芳峪镇所辖，位于穿芳峪镇西北部，位于浅山区，是典型山区村。
—穿芳峪镇镇域内以喜邦公路、马平公路、津围二线为主要道路。石臼村与马平公路相接。
—石臼村面积为 64.4 公顷。

周边资源

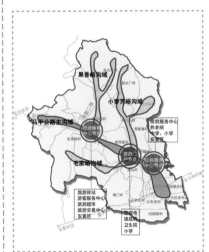

上位规划中穿芳峪镇主要发展四条特色沟域与三个重要节点，石臼村所在的马平公路主沟域打造镇域服务发展沟。

石臼村在上位规划中定位为精品民宿山村，可见山居环境开发为未来石臼产业发展的基本点。

穿芳峪镇拥有得天独厚的自然环境，镇域南部、北部地区资源有待挖掘。石臼村应突破主题度假村同质化的困局，在共性中谋求特色。

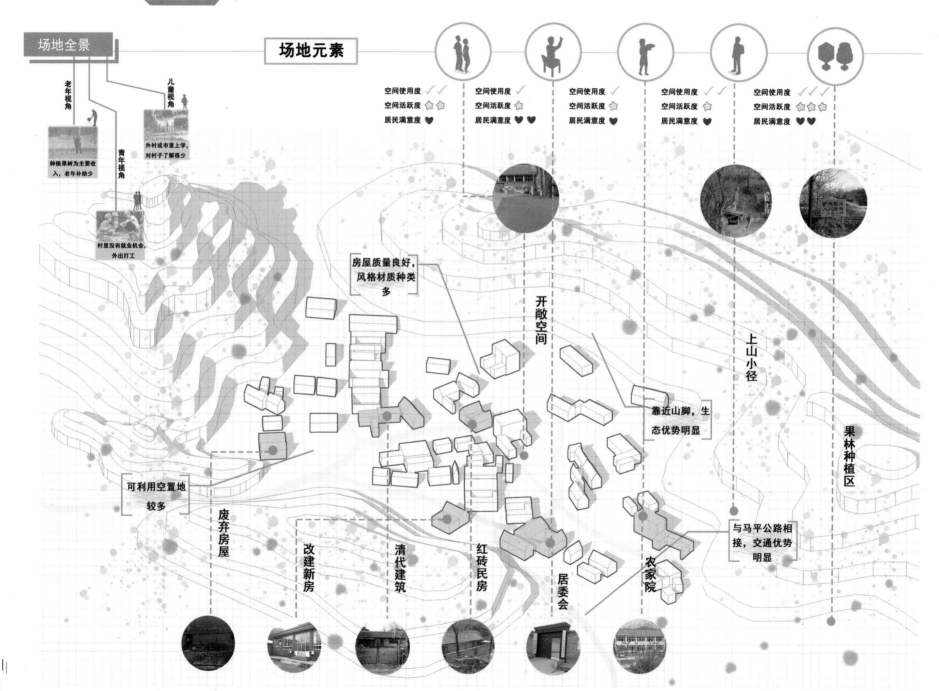

场地全景

场地元素

老年视角

种植果树为主要收入，老年补助少

村里没有就业机会，外出打工

青年视角

儿童视角

外村或市里上学，对村子了解很少

空间使用度 ✓　空间活跃度 ★★　居民满意度 ♥

空间使用度 ✓　空间活跃度 ★　居民满意度 ♥♥

空间使用度 ✓　空间活跃度 ★　居民满意度 ♥

空间使用度 ✓✓　空间活跃度 ★　居民满意度 ♥

空间使用度 ✓✓✓　空间活跃度 ★★★　居民满意度 ♥♥

房屋质量良好，风格材质种类多

开敞空间

靠近山脚，生态优势明显

上山小径

果林种植区

可利用空置地较多

与马平公路相接，交通优势明显

废弃房屋

改建新房

清代建筑

红砖民房

居委会

农家院

自然生态

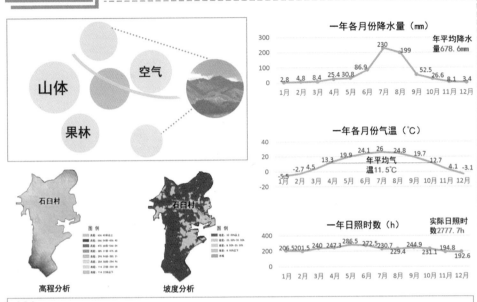

一年各月份降水量（mm）

年平均降水量678.6mm

2.8 4.8 8.4 25.4 30.8 86.9 230 199 52.5 26.6 8.1 3.4
1月 2月 3月 4月 5月 6月 7月 8月 9月 10月 11月 12月

一年各月份气温（℃）

-5.5 -2.7 4.5 13.3 19.9 24.1 26 24.8 19.7 12.7 4.1 -3.1
年平均气温11.5℃
1月 2月 3月 4月 5月 6月 7月 8月 9月 10月 11月 12月

一年日照时数（h）

实际日照时数2777.7h

206.5 201.5 240 247.3 286.5 272.5 230.7 229.4 244.9 231.1 194.8 192.6
1月 2月 3月 4月 5月 6月 7月 8月 9月 10月 11月 12月

高程分析　　　　坡度分析

石臼村

图例

　　石臼属温带季风性气候，四季分明，雨量集中。年平均气温为11.5℃，基地内群山环抱，形成了一个相对稳定的小气候。宜人的气候有利于肌体的新陈代谢，使生理节奏和生理机能处于最佳状态。

产业布局

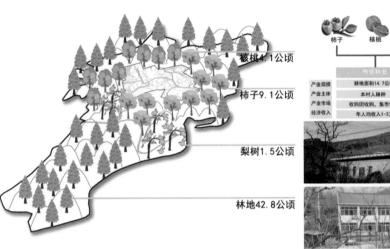

核桃4.1公顷

柿子9.1公顷

梨树1.5公顷

林地42.8公顷

柿子　核桃　梨

传统林业

产业规模	耕地面积14.7公顷
产业主体	本村人耕种
产业市场	收购商收购，集市倒卖
经济收入	年人均收入1~2万元

柿果树种植面积最广，林果种植有一定的基础，但销售路径单一，收益有待提高。个体化耕种，无统一管理。

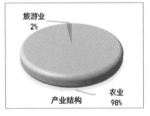

旅游业 2%

农业 98%

产业结构

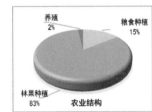

养殖 2%
粮食种植 15%
林果种植 83%

农业结构

农家乐是石臼村唯一的三产业态，村里有两家农家乐，经营惨淡，几乎没有收入。经营模式都是私家经营且没有受到过专业人员的指导与培训，没有管理经验。

生态问题研判

生活污水排放 — 河道被用排污水

处理意识薄弱 — 缺乏统一整治

堤岸破损严重 — 岸边景观性差

河流水系受污染　　村庄环境缺乏整治　　岸线缺乏整治

提升居住环境，增加绿化景观空间

产业问题研判

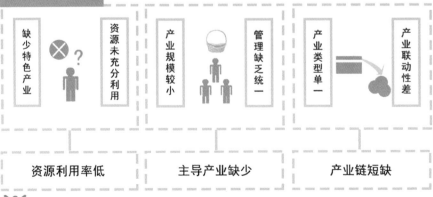

缺少特色产业 — 资源未充分利用

产业规模较小 — 管理缺乏统一

产业类型单一 — 产业联动性差

资源利用率低　　主导产业缺少　　产业链短缺

产村相融，景村一体，增加就业机会，实现就近就业增收

建筑与风貌

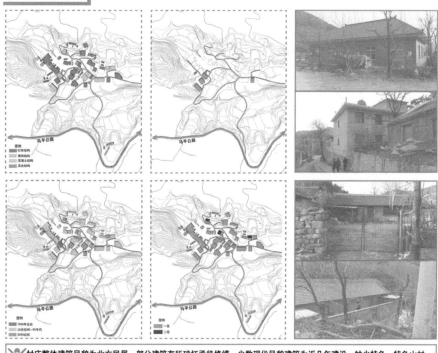

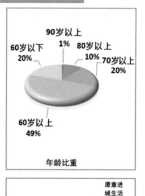  

村庄整体建筑风貌为北方民居，部分建筑有所破坏亟待修缮。少数现代风貌建筑为近几年建设，缺少特色，特色山村风貌有所破坏，现状建筑均为一二层，新建筑也不宜过高。

人口与社会

90岁以上 1%
80岁以上 10%
70岁以上 20%
60岁以下 20%
60岁以上 49%
年龄比重

外出人口 33%
常住人口 67%
户籍人口

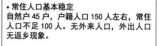

愿意进城生活 12%
不愿意进城生活 88%
进城意愿

无所谓 20%
农村 6%
镇区 19%
蓟州城区 30%
天津市区 25%
希望子女生活地区

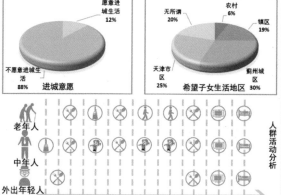

老年人
中年人
外出年轻人

6点 9点 12点 15点 18点 22点

人群活动分析

- 常住人口基本稳定
自然户45户，户籍人口150人左右，常住人口不足100人。无外来人口，外出人口无返乡现象。

- 青壮年流失明显
33%的家庭成员（主要是青壮年）已经流出。

- 收入来源单一，经济实力薄弱
60岁老人可以拿到老年补贴，70岁以下90元／月，70-80岁105元／月。以种植果树卖果子为主要经济来源，年收入1万到2万元。60岁上下老人已为主要劳动力。

- 大部分受访者表示不愿意进城生活，但仍然希望子女能在城市生活。

- 现有村民日常活动年轻人以外出务工为主，留守老人为种植果树增加收入。

公共服务设施

空间品质不高 — 服务设施缺失
建筑立面破损 — 形式缺乏统一
空间边界生硬 — 空间联系薄弱

公共空间缺失 ｜ 建筑缺乏整治 ｜ 空间品质较低

社会问题

老龄化现象严重 — 空心化现象严重
传统难以体现 文化 — 文化氛围缺失
宣传方式欠缺 — 特色文化不显

人口结构失衡 ｜ 认知意识不足 ｜ 宣传力度不够

 完善配套设施，积极改善空间质量

 吸引外出青年回流，丰富文化生活，加大宣传力度

生态共育

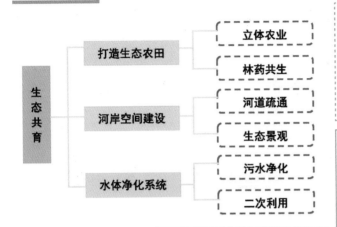

生态共育 — 打造生态农田 — 立体农业 / 林药共生

河岸空间建设 — 河道疏通 / 生态景观

水体净化系统 — 污水净化 / 二次利用

引入林药模式，发展立体农业。从打造生态农田、河岸空间建设、建设水体净化系统三个主要方面打造石臼生态空间。

打造生态农田

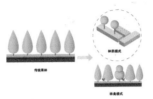

引进中草药种植，采用林药种植模式。充分利用现有的林地空间，根据不同树种搭配最适宜生长的中草药，增强生态系统稳定性，从而实现生态循环发展，可持续性经营。生态效益显著的同时，也带来了良好的经济效益和社会效益。

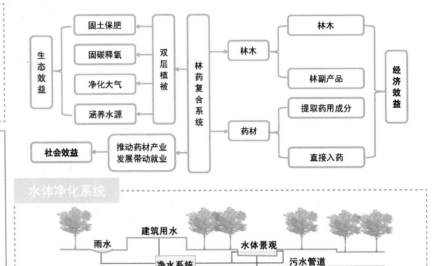

生态效益 — 固土保肥 / 固碳释氧 / 净化大气 / 涵养水源 — 双层植被 — 林药复合系统 — 林木 — 林木 / 林副产品 — 经济效益

林药复合系统 — 药材 — 提取药用成分 / 直接入药 — 经济效益

社会效益 — 推动药材产业发展带动就业

水体净化系统

雨水 / 建筑用水 / 水体景观 / 净水系统 / 污水管道

河岸空间建设

农田肌理提取 　生态空间整合 　生态元素叠加 　生态景观生成

防灾泄洪通道 / 村庄主体

山体 / 村庄 / 保护轴

通过疏通山体泄洪通道和村内河道，预防夏季暴雨形成的山洪灾害，保障村庄生态安全。

沿山体边缘加固，预防山体滑坡，形成村庄保护轴，从而促进村落安全开发建设。

生态策略空间生成

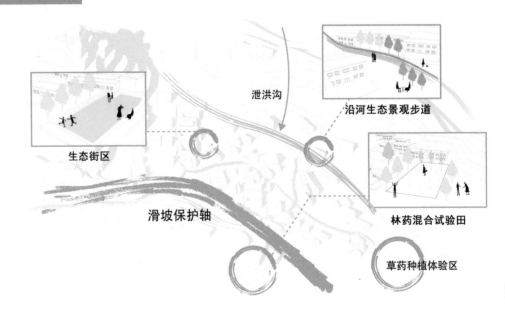

生态街区

泄洪沟

沿河生态景观步道

滑坡保护轴

林药混合试验田

草药种植体验区

产业互联

产业互联

- 产业特色化
  - 专属APP
  - 林药品牌
- 产学游融合
  - 林药园参观
  - 草药栽培园
  - 药果加工坊
- 产业专业化
  - 技能培训

产业特色化

石臼品牌

互联网互动

养生产业

自然资源潜力挖掘

第二产业　限制工业发展 X
提高一产产量
鼓励三产发展
第一产业
第三产业

缝合产业链结 稳固内部经济	⟷	对接城市市场 开放外部潜力

乡村培育 >>> 城市市场

产业发展引导

石臼产业

- 林药混种 — 药、果收获 — 农产品加工 农作物研发 — 互联网售卖 传统集市售卖 — 其他服务
  - 田间管理
  - APP 云种植
- 耕种体验 — 耕种知识科普 — 林药园参观 加工品教学 — 山居养生 农家菜园 — 跨界创业

■ 一产多样化
■ 三产体验化

互联网＋农业发展模式：
利用互联网，拓宽销售渠道，增加收入，发展线上云种植，吸引更多客户群体。
产业朝一产多样化、三产体验化方向发展。

产学游融合

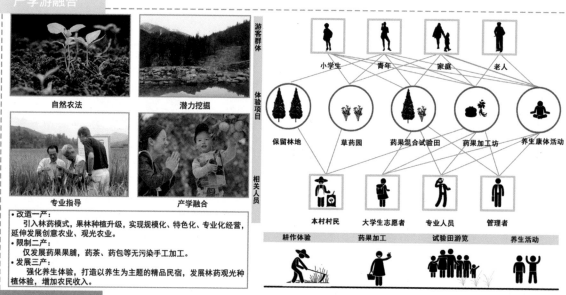

自然农法　　　　潜力挖掘
专业指导　　　　产学融合

游客群体　体验项目　相关人员

小学生　青年　家庭　老人
保留林地　草药园　药果混合试验田　药果加工坊　养生康体活动
本村村民　大学生志愿者　专业人员　管理者
耕作体验　药果加工　试验田游览　养生活动

- 改造一产：
  引入林药模式，果林种植升级，实现规模化、特色化、专业化经营，延伸发展创意农业、观光农业。
- 限制二产：
  仅发展药果果脯，药茶、药包等无污染手工加工。
- 发展三产：
  强化养生体验，打造以养生为主题的精品民宿，发展林药观光种植体验，增加农民收入。

产业策略空间生成

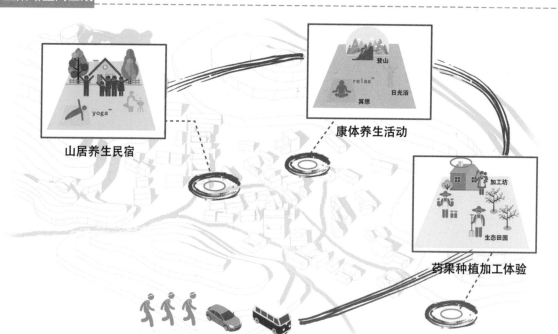

山居养生民宿

康体养生活动

药果种植加工体验

社区营造

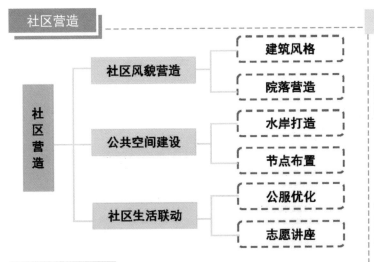

```
社区营造 ─┬─ 社区风貌营造 ─┬─ 建筑风格
          │                  └─ 院落营造
          ├─ 公共空间建设 ─┬─ 水岸打造
          │                  └─ 节点布置
          └─ 社区生活联动 ─┬─ 公服优化
                             └─ 志愿讲座
```

公共空间建设

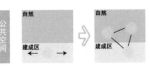

公共空间向自然延展，增加公共空间，扩大公共空间范围，连点成面。

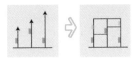

整理联结居民点，使居民间的互动沟通更加频繁，巩固山村社会结构。

营造动、静、动静皆宜的多种公共活动空间

利用宅旁闲置地种植果树、药材，饲养家禽

社区风貌营造

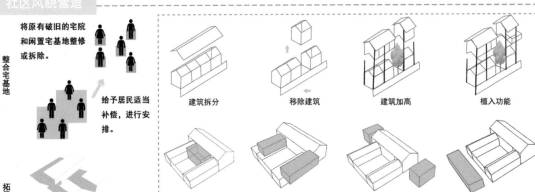

将原有破旧的宅院和闲置宅基地整修或拆除。

整合宅基地

给予居民适当补偿，进行安排。

拓展院落空间

建筑拆分　移除建筑　建筑加高　植入功能

功能延续　功能置换　功能植入　适度扩建

社区营造通过宅基地整合和拓展院落空间来实现村庄风貌的统一，通过增加和改善公共空间来巩固山村社会结构，在修复村庄存在问题的同时，寻求社区生活联动，实现向往中的美好生活。

社区营造空间生成

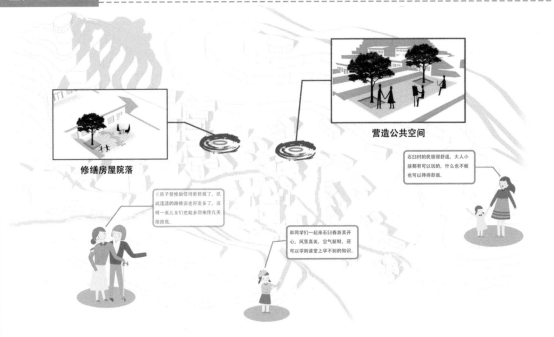

修缮房屋院落

营造公共空间

石臼村的民宿很舒适，大人小孩都有可以玩的，什么也不做也可以待得舒服。

和同学们一起来石臼春游真开心，风景真美，空气新鲜，还可以学到课堂上学不到的知识。

老房子发修缮后住得更舒服了，坑坑洼洼的路修完也好走多了，这样一来儿女们也能多回来住几天陪陪我。

总平面图

山间冥想禅室
瑜伽养身教室

半山日光浴憩站
登山康体驿站

石臼村史馆

山居养生民宿

药果养生茶室

石臼医疗站
山居疗养院

发展预留地

综合耕种体验区

林药模式试验田

传统果林种植区

静思禅修小径
日光瑜伽养身小径
沿河景观步道
登山康体小径

石臼体育场
村民居所
综合服务站
草药美容会馆
石臼居民委员会
特色药膳餐厅
居民技能培训中心
药果加工作坊

N

0 25 50 100 200

详细规划

自然生态空间

亲水空间＋生态景观

泄洪沟

经济生产空间

产业渐进式发展规划

立体农业
2018　2019　2020　2021　　未来
传统农业
生态农业
体验农业
精细农业

旅游业
2018　2020　2025　2035　　未来
短暂旅游
驻扎旅游
体验旅游
区域联动旅游

• 特色主题线：
入口 — 综合服务站 — 草药美容会所 — 特色药膳餐厅 — 石臼村史馆 — 药果养生茶室 — 山居养生民宿
• 康体体验线：
入口 — 综合耕种体验区 — 综合服务站 — 药果加工坊 — 康体登山 — 半山日光浴 — 山间冥想

游线设计

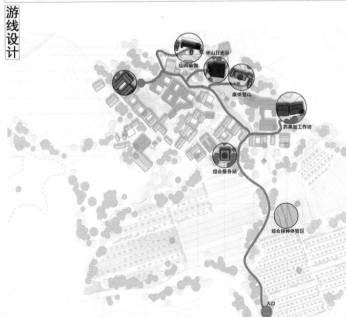

产业链设计

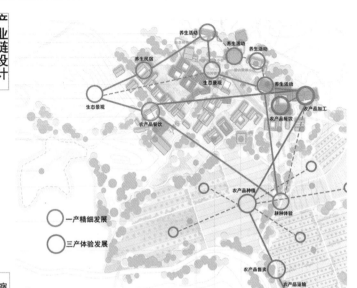

一产精细发展

三产体验发展

详细规划

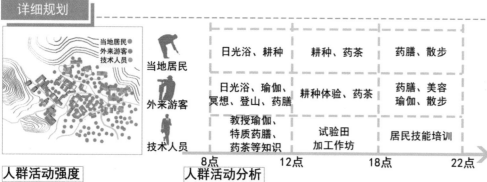

当地居民
外来游客
技术人员

	8点	12点	18点	22点
当地居民	日光浴、耕种	耕种、药茶	药膳、散步	
外来游客	日光浴、瑜伽、冥想、登山、药膳	耕种体验、药茶	药膳、美容瑜伽、散步	
技术人员	教授瑜伽、特质药膳、药茶等知识	试验田加工作坊	居民技能培训	

人群活动强度　　**人群活动分析**

1. 院落空间功能改造
将院落空间进行重新合理划分,进行多种组合,增加功能,增强院落的使用率、景观性。
2. 院落场地设计
增设景观亭,供夏天休憩。种植一些具有观赏性的中草药,既有药用价值,又有观赏价值。
3. 围墙改造
将厚实的围墙进行"开窗",用虚实结合等手法,让密不透风的围墙与外界进行交流,增强趣味性。

院落功能改造

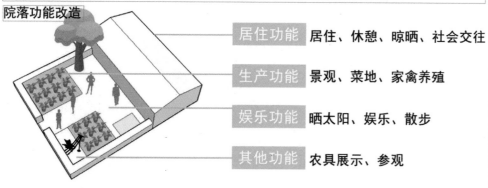

居住功能 居住、休憩、晾晒、社会交往

生产功能 景观、菜地、家禽养殖

娱乐功能 晒太阳、娱乐、散步

其他功能 农具展示、参观

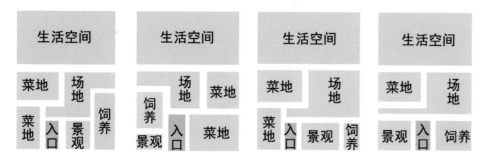

社会生活空间

①有人居住

改造后:
1. 统一采用青砖青瓦。
2. 墙面增加中草药图片及简单功效解释。

建筑改造

②废弃闲置

院落场地设计

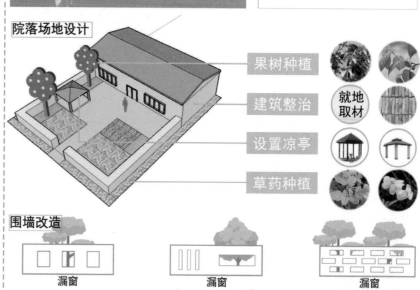

果树种植

建筑整治　就地取材

设置凉亭

草药种植

围墙改造

漏窗　　漏窗　　漏窗

虚实结合　　层次与高低　　节奏与韵律

局部鸟瞰图

山东建筑大学

吉林建筑大学

天津城建大学

山东建筑大学

北京建筑大学

沈阳建筑大学

内蒙古工业大学

联合毕业设计是一个精彩和包容的舞台，同学们既是演员也是观众。从天津开题到济南汇报再到长春答辩，一次次热烈而真诚的交流，让我们增长了知识，拓展了视野，更收获了一段难忘的人生经历。乡村规划的选题很有意义，同学们努力走出城市规划思维定式，做出了许多富有创造性和启发性的尝试。也许有些想法难以实现，但过程重于结果。同学们渴望学习的热情和突破自我的勇气更让人鼓舞，这对于我这样一名年轻教师也是一种巨大的激励。

　　感谢老师们和同学们的辛勤付出，愿北方规划教育联盟联合毕业设计越办越好！愿即将毕业的同学们继续快乐地前行，向着心中那片希望的田野！

李　鹏

　　总是希望毕业设计慢一些，我们可以停驻于充满兴奋与欢笑的时光缝隙。在空白处体会教师作为职业的重量，在蓝图里触摸一个神通广大专业的失真，在喧嚣的图文秀场思考有没有忘记生活里的人。社会已经为大家准备好琳琅满目的壳子，同学们，请你们上场的时候，用力打破它。联合起来，毕业快乐！

齐慧峰

殷若晨

　　通过联合毕业设计的课程，增进了对其他兄弟院校规划专业同学的了解。这是一个非常有趣的过程，我们接受了相似而又不同的城市规划教育，而又到达了同样的终点。之后我们依然会在规划领域继续学习，继续前进，贡献自己薄弱的力量。感谢北方规划联盟联合毕业设计将我们聚在一起，互相学习，互相了解。

　　联合毕设，让我们有了走出自己校园的机会，天津、济南、长春，学习到了更多规划以及规划以外的知识。通过与不同学校同学与老师的"碰撞"，我们交上了本科五年满意的答卷。

邓凯旋

　　一直心存庆幸也心怀感激，在毕业设计选组时我选择了北方六校联合毕业设计。在这一段短暂的学习旅程中，我有幸与学识渊博的老师深入探讨，与优秀有趣的六个队友齐心合作，完成了起初我们无从下手的设计，也为大学五年交上了一份满意的答卷。回顾匆匆而过的五个多月时间，我们辗转在天津、济南、长春三座城市间，感受到了不同地域、不同时节的城市万象，又在这些感受中捕捉到了我们的许多灵感。在而后的四个月反复打磨之下，从一个灵感、一个愿景到一个方案、一摞图纸和各种措施策略，成了构筑乡村美好发展的其中一种可能。我们在生活中汲取灵感，并用以创作更好的生活画卷，这是我们坚持设计的乐趣所在。愿我们不忘毕业设计时的这份初心，怀有满腔热情，在下一阶段学习或工作中有所收获、有所成长！

张子悦

　　很荣幸能加入到北方规划教育联盟联合毕业设计团队中来。通过与其他学校同学的交流和合作，认识了新朋友，学到了不同学校的设计思路和方法，受益匪浅。毕业设计是我们作为学生在学习阶段的最后一个环节，是对所学基础知识和专业知识的一种综合运用，也是一个再学习、再提高的过程，并且此次主题是乡村规划，是我们在之前的学习阶段从未接触过的，因此我们都十分重视，十分努力地去汲取新知识、新理念、新讯息。在此要特别感谢李鹏老师和其他各校老师们的悉心指导，让我对乡村规划几乎从无到有，构架了全新的认识体系，感受了与城市规划相比别有一番风情的设计体验，从经济到文化、从土地到空间……我们尊重土地的特色，以村民为主体，通过规划设计使村庄的生产生活生态相互融合，和谐有机发展。大学生活马上就要结束了，在毕业设计过程中遇到了各种困难，让我明白自己该学的东西还有很多。在未来，绝不固结自己的思想，坚定追寻美好的梦想，哪怕前方荆棘丛生，都要持之以恒、一往无前。"柿柿如愿，各美其美"，是我们设计方案中对每一个来到石臼村的村民和游人的真挚祝福，也是我们心中美好乡村生活的蓝图。

　　谨以本次毕业设计，祝愿城乡之间，各校之间，师生之间，人人之间，"各美其美，美美与共"。

经过一个学期的学习，完成了天津市蓟州区东井峪村乡村规划与设计。通过毕业设计，提高了专业素养和软件应用能力，掌握了乡村规划与城市规划在规划思路和规划方法上的不同，深刻体会到了现状调查和规划思维过程以及案例分析的重要性，培养了与老师同学积极讨论问题的习惯。在毕业设计中，学习了乡村规划的方法，对规划有了更为全面的认知，完善了规划的知识体系。

非常感谢老师及同学们对我的帮助和指导。在本次联合毕业设计中，与不同学校的同学们的交流，了解了更多规划及规划以外的知识。这次学习经历使我受益良多，希望这次经历能在我以后的学习中激励我继续进步。

周荷蕊

时光荏苒，漫长而又短暂的五年大学生活接近了尾声，经过了三个多月的奋战，我们的毕业设计也画上了圆满的句号。毕设是我们学业生涯的最后一个环节，不仅仅是对所学专业知识的一种综合运用，更是对知识水平的再提高的过程。

我很幸运在毕业学期参加了北方规划教育联盟联合毕业设计，能够与其他学校同学和老师进行学习上的交流。这个过程让我深刻地认识到村庄的生态、生产和生活问题仍然是乡村振兴的重点，也希望以后的乡村规划更加关注村庄的地方特性和传统文化，创造具有鲜明乡村特色和浓郁乡土文化氛围的乡村。

在此，我还要感谢我的指导老师（李鹏老师、齐慧峰老师）以及在毕业设计中为我们提出宝贵意见的老师们，在设计过程中，耐心、细心地为我们答疑解惑和提供帮助。

李 艺

作为毕业之前最重要的一门课程，我珍惜和每一位教育联盟联合毕设团队小伙伴相处的时光，也感恩老师和学校教会我的一切。

所有的努力都是另一种意义上的殊途同归，与目标的达成无关，重要的是自己内心的安稳与平静，毕业设计，让每个人可以重新审视自己五年的规划学习。无论是与本校或是其他学校同学的交流，还是优秀的老师们的点评，都会鞭策我们前进，让我们知道规划路上我们只是迈出了一小步。愿自己也愿所有的朋友，凡心所向，素履所往，生如逆旅，一苇以航。

王笑迎

区位分析

东井峪村天津市蓟州区北端，北京市东侧，距离天津市区以及北京市区均在两小时车程范围内。紧邻津围北二线与省道301，村庄自身交通优势显著。

地形地貌

东井峪村

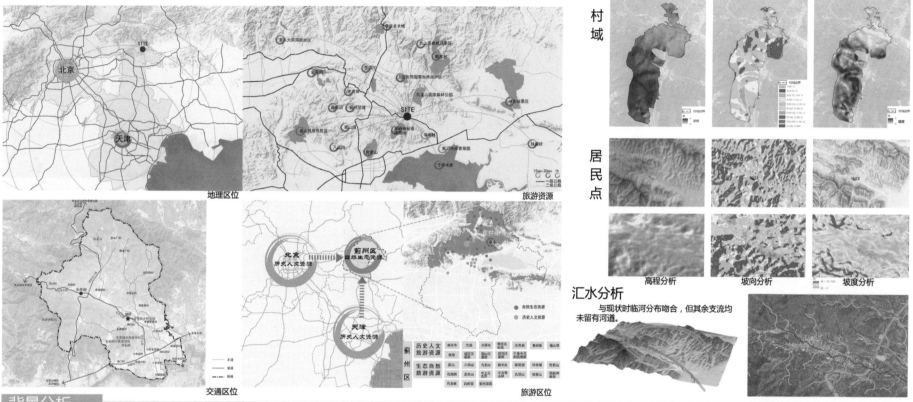

地理区位

旅游资源

交通区位

旅游区位

村域

居民点

高程分析　坡向分析　坡度分析

汇水分析

与现状时临河分布吻合，但其余支流均未留有河道。

背景分析

国家层面
——乡村振兴战略的提出

产业兴旺：坚实的农业生产能力，高质量的农业供给体系。农村一二三产业融合发展体系。

生态宜居：基础设施建设完备，人居环境改善，生态环境好转，城乡基本公共服务设施均等化。

乡风文明：乡村社会文明程度较高，农民精神风貌较好，呈现文明乡风，良好家风，淳朴民风。

治理有效：党委领导、政府负责、社会协同、公众参与、法制保障，乡村社会充满活力、和谐有序。

生活富裕：农民就业质量较高，增收渠道进一步拓宽，城乡居民生活水平差距持续缩小。

城市群层面
——位于京津冀的几何中心

东井峪位于京津冀城市群的几何中心，与北京、天津等大城市距离较近，交通便利，具有良好的发展区位。

东井峪村位置意向示意

生态层面
——水源地＆生态绿肺

东井峪全村位于生态黄线范围内，生态保护要求高，应注意建设活动的审批程序。穿越村庄的时临河位于于桥水库的上游，其生态保护要求高。

村庄存在一定地质灾害风险。

区县层面
——郊野休闲旅游地

不同于城区的独乐寺、白塔寺、文庙等历史人文旅游资源，东井峪位于北部山区，以自然景观旅游资源为特色，盘山、九龙山、梨木台、中上元古界等。

乡镇层面
——镇域次中心节点

东井峪村位于马平公路主沟峪，省道301和津围北二线交汇处，串联石臼村、芳峪村、穿芳峪镇，打造成为镇域次中心。

村庄分析

村庄人口

人口情况

东井峪村共计户数 140，人口约 500 人，常住人口约 300 人；其中 65 岁以上老年人达到 20% 以上，老龄化程度高。

家庭情况

平均家庭人口 4-5 人。三代同堂的家庭情况较多，一般为老年人在家带孩子，青壮年早出晚归外出打工。

经济产业

个人收入状况

至 2019 年，村民年均总收入为 8000-10000元。总体经济水平远低于天津市农民平均水平（23065 元/年）。

以种植业为基础，维持较低水平。近年来随着农家乐的兴起有小幅增长。

农业

以玉米为主要粮食作物
盘山柿的主要产地
散户式种植

院落布局

农宅

农家乐

 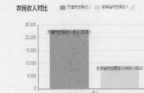  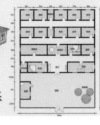

现状分析

道路交通

村庄道路网未成形，道路等级差距大。停车位不足，村庄内有一处停车场，大部分为路边停车。道路与河道交错，割裂村庄用地。

建筑功能（空置房）

宅基地总体空置率较低，空置房总共有 8 处。存在浪费土地资源的现象，而且会带来安全问题，影响村庄风貌。

建筑质量

建筑质量分为四类，一类为最好，结构完好，设施齐全，二类次之，三类结构较差，四类为危房简棚。老旧房屋普遍存在建筑质量问题且空闲置的现象，新建房屋质量状况良好。

建筑年代

1945-1978年：石材、青砖；青瓦坡屋顶。
1978-2010年：红砖、水泥板材；红瓦，平坡结合屋顶。
2010年后：钢筋混凝土，屋顶样式、墙面装饰多样。
不同年代建筑风格迥异，传统建筑数量少，不同年代建筑穿插分布。

建筑功能（农家乐）

村庄农家乐数量较多，于中西部集中分布。但存在竞争力不足，村内农家乐经营模式依然为 100 元包吃住以及受季节影响大，旺季客流较多，淡季无人问津的问题。

建筑层数

建筑以一层为主，砖房、坡屋顶，建筑质量普遍一般；少数为二层，以农家乐等商业餐饮功能为主。

现状总结

三面环山中间河流穿过的有山体水体保护要求的山区村

山

现状山体存在滑坡以及崩塌现象；山体绿化破坏严重；山区的防火责任重大。

水

现状时临河河道存在污染现象；丰水期与枯水期水流量差距较大，夏季防洪要求高；河岸破损严重。

交通便利位于旅游集散中心节点的旅游村

交通规划

位于省道301和津围北二线的交汇处，应注意景观道路以及慢行道路的建设。

旅游集散

落实上位规划的旅游集散功能。

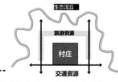

以民俗体验与自然风景为特色的大城市城郊村

城郊村

京津等大城市为村庄的主要客源地。

民俗体验

位于蓟州区民俗体验带，村庄具有北方特色民俗。

自然风景

村庄周围群山环绕，山区美景为村庄特色。

老龄化严重、生产方式较为落后的山村

家庭结构

家庭中年轻人打工，老年人在家带孩子较为普遍。青年人口流失较为严重。

生产方式

以玉米、柿子为主要为传统种植业，农家乐带来了新的商机。

发展愿景

美

更"美"的东井峪

留得青山在

果林、梯田、高山

绿水青山，金山银山

野

更"野"的东井峪

找回野性

赏花、采摘、爬山

匆匆而来，缓缓而归

暖

更"暖"的东井峪

温暖生活

石磨、水井、耕作

传统生活，经久不衰

俗

更"俗"的东井峪

回归乡愁

红事、白事、过年

乡土文化，代代相传

主题阐释

市井

展现乡村生活，体现民风民俗

水源地如何整治和保护？

保护现状河道，杜绝污水直排

生态保护、产业经济、社会效益如何统一实现？

旅游集散中心 + 现代休闲农业

保留山中美景，塑造静谧生活

市 井 居 山

山居

山区村落如何实现共赢？

交通节点 + 集贸节点，实现村落之间的错位发展

现状村落如何利用，乡村文化如何传承？

集中村落进行保护，部分进行改造，建设公共服务设施

场地特征

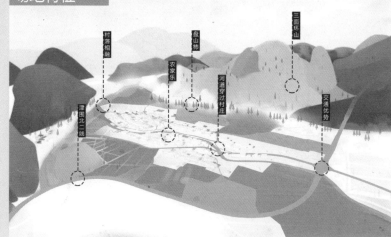

村落相映　农家乐　河道穿过村庄　盘山柿　三面环山　交通优势　津围北二线

发展理念

共同体

引入"共同体"的发展理念，从只关注单一乡村发展的视野中跳出，将视野扩展到周边村、镇域，甚至地区层面，以实现经济利益、政治利益、文化利益的最大化。

东井峪共同体

强调村庄的乡、土、人的共同体，村民团结，村集体有力量，村民对彼此的情况都很了解，能够互帮互助，老有所养，幼有所依。

沟峪共同体

加强东井峪、芳峪、果香峪三村的联系，将公共服务设施、基础设施集中布置，共同使用，延续其联合发展的倾向，以集约发展。

村落共同体

构建山区村落发展平台，通过联合发展、错位发展以增强共同体的抗性，带来更多的发展机会。东井峪与其他11个山区村的特色相似，拥有的资源也相同，一损俱损，一荣俱荣。

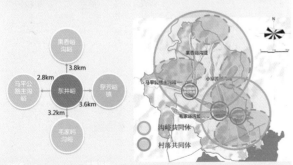

发展策略

邻里村落，共同发展

居民点：芳峪村、果香峪村
村域：毛家峪村抱水峪村民集中点，南部蓟州城区
镇域：12个山区村
    三个层次，居民点、村域、镇域的相邻地区，实现不同程度的竞争与合作。

保护自然，享受自然

山区的山林景观资源是共享的资源，山区的河流水体资源不仅仅是东井峪的宝贵资源，也是整个天津重要的水资源。

欣赏美景，体验田园

游客在欣赏美景的同时，可以放慢脚步，融入自然，融入乡村。

人与自然
"绿水青山就是金山银山"

村民与游客
体验乡村生活，感受乡村文化

村与村
联合发展，共同受益，设施集中，错位发展

OD 分析

分析方法

山区村交通不便，且村庄分布零散彼此之间联系不密切。
建立现状路网，以各个村为起点，其他山区村为目的地，进行 OD 分析。

从穿芳峪村现状图可知，村庄主要分为：镇区村、西部村、北部村、边界村以及平原村。
而南部村为平原村，沿邦喜线分布，形成马路经济，交通条件良好，与山区村差距较大，本次分析主要针对14个山区地区。

分类	地区名	特征
东部村	穿芳峪村、小穿芳峪村、驾歌寨村、南山村、半壁山村	靠近镇区，依其镇区带来发展机会，镇域交通便利
西部村	果香峪村、东井峪村	依托省道301和津蓟北二线形成的环团团路，镇域交通便利
北部村	新水厂村、东水厂村、九龙山风景区	以九龙山为中心，交通较为不便
边界村	石臼村、芳峪村、现尺峪村、毛家峪村	位于镇域边界，与其相邻村庄联系较弱

分析过程

1 半壁山村　　2 果香峪村　　3 穿芳峪镇

4 驾歌寨村　　5 东井峪村　　6 小穿峪峪村

7 南山村　　8 新水厂村　　9 毛家峪村

10 坝尺峪村　　11 芳峪村　　12 东水厂村

分析结论

西部村中心

东井峪村与果香峪村距离较近且交通区位优越，取其中心点作为次中心与镇区一起进行 OD 分析，东井峪村能够辐射7个地区，镇区辐射7个地区，到达各村的平均距离为1523.49m。

东井峪村建立交通集散次中心，与镇区一起服务其他山区村。

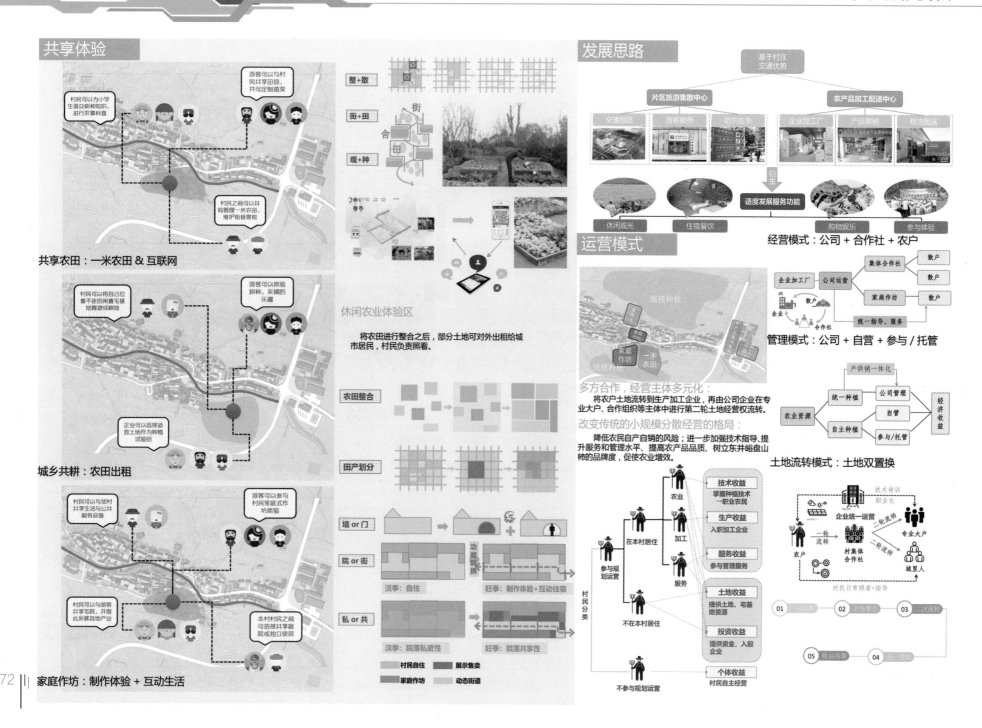

共享体验

村民可以为小学生普及耕种知识，进行农事教育

游客可以与村民共享田园，并可定制蔬菜

村民可以为小学生普及耕种知识，进行农事教育

村民之间可以共同管理一米农田、维护街巷景观

共享农田：一米农田 & 互联网

村民可以将自己位置不佳的闲置宅基地腾退成耕地

游客可以体验耕种、采摘的乐趣

企业可以选择适宜土地作为种植试验田

城乡共耕：农田出租

村民可以与邻村共享生活与公共服务设施

游客可以参与村民家庭式作坊体验

村民可以与游客共享宅院，开展其他产业

本村村民之间可选择共享庭院或独立使用

家庭作坊：制作体验 + 互动生活

整+散

街+田

舍田

观+种

将农田进行整合之后，部分土地可对外出租给城市居民，村民负责照看。

休闲农业体验区

农田整合

田产划分

墙 or 门

院 or 街

淡季：自住　　旺季：制作体验+互动住宿

私 or 共

淡季：院落私密性　　旺季：院落共享性

村民自住　展示售卖　家庭作坊　动态街道

发展思路

基于村庄交通优势

片区旅游集散中心　　农产品加工配送中心

交通枢纽　游客服务　防灾应急　企业加工厂　产品展销　物流配送

适度发展服务功能

休闲观光　住宿餐饮　购物娱乐　参与体验

经营模式：公司 + 合作社 + 农户

运营模式

规模种植

家庭作坊　一米农田

规模种植

企业加工厂　公司运营　集体合作社　散户／散户

家庭作坊／散户

统一指导、服务

管理模式：公司 + 自营 + 参与 / 托管

产供销一体化

统一种植　公司管理

农业资源　自管　经济收益

自主种植　参与／托管

多方合作，经营主体多元化：
将农户土地流转到生产加工企业，再由公司企业在专业大户、合作组织等主体中进行第二轮土地经营权流转。

改变传统的小规模分散经营的格局：
降低农民自产自销的风险；进一步加强技术指导，提升服务和管理水平、提高农产品品质、树立东井峪盘山柿的品牌度，促使农业增效。

村民分类

参与规划运营

在本村居住　农业　技术收益　掌握种植技术—职业农民

加工　生产收益　入职加工企业

服务　服务收益　参与管理服务

土地收益　提供土地、宅基地资源

投资收益　提供资金，入股企业

不在本村居住

个体收益　村民自主经营

不参与规划运营

土地流转模式：土地双置换

技术培训　职业化

企业统一运营

农户　一轮流转　村集体合作社　二轮流转　专业大户／城里人

村民日常照看与指导

01　02 土地整合　03 二次流转

05 收益结算　04

产业策划

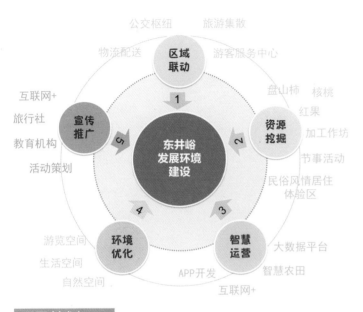

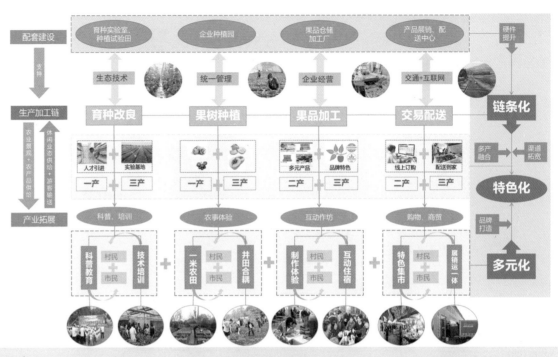

项目策划

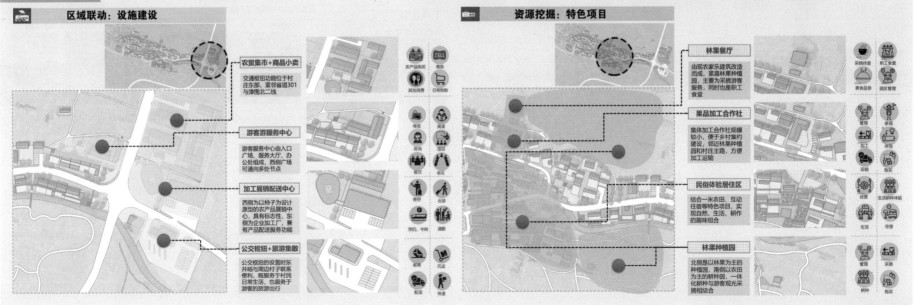

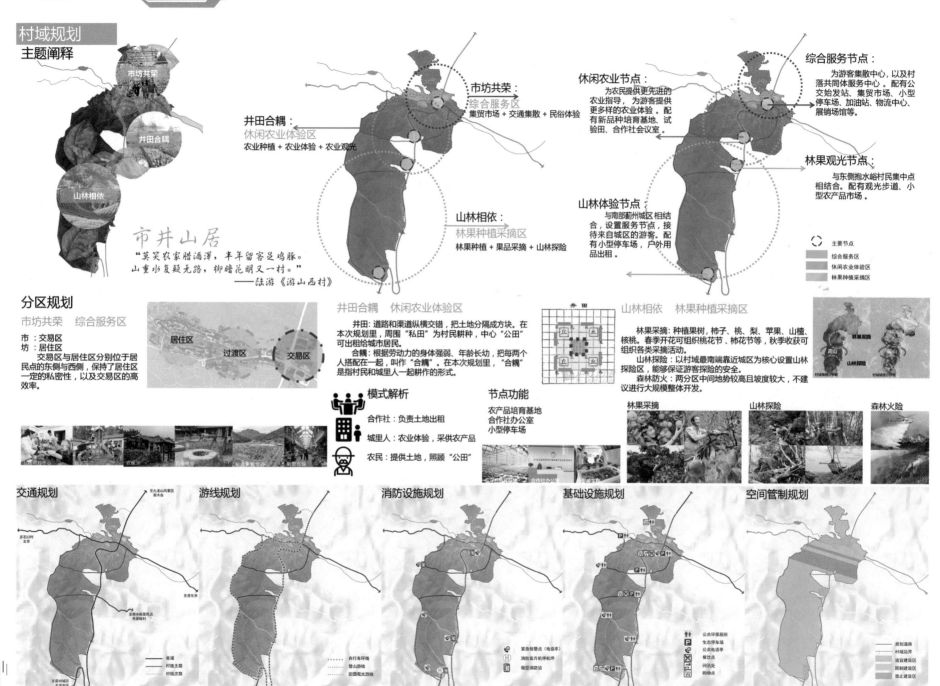

村域规划

主题阐释

市坊共荣

井田合耦

山林相依

市井山居

"莫笑农家腊酒浑，丰年留客足鸡豚。
山重水复疑无路，柳暗花明又一村。"
——陆游《游山西村》

市坊共荣：
综合服务区
集贸市场 + 交通集散 + 民俗体验

井田合耦：
休闲农业体验区
农业种植 + 农业体验 + 农业观光

山林相依：
林果种植采摘区
林果种植 + 果品采摘 + 山林探险

休闲农业节点：
为农民提供更先进的农业指导，为游客提供更多样的农业体验。配有新品种培育基地，试验田、合作社会议室。

山林体验节点：
与南部蓟州城区相结合，设置服务节点，接待来自城区的游客。配有小型停车场，户外用品出租。

综合服务节点：
为游客集散中心，以及村落共同体服务中心。配有公交始发站、集贸市场、小型停车场、加油站、物流中心、展销场馆等。

林果观光节点：
与东侧抱水峪村民集中点相结合。配有观光步道、小型农产品市场。

主要节点
综合服务区
休闲农业体验区
林果种植采摘区

分区规划

市坊共荣 综合服务区

市：交易区
坊：居住区

交易区与居住区分别位于居民点的东侧与西侧，保持了居住区一定的私密性，以及交易区的高效率。

居住区 过渡区 交易区

井田合耦 休闲农业体验区

井田：道路和渠道纵横交错，把土地分隔成方块。在本次规划里，周围"私田"为村民耕种，中心"公田"可出租给城市居民。

合耦：根据劳动力的身体强弱、年龄长幼，把每两个人搭配在一起，叫作"合耦"。在本次规划里，"合耦"是指村民和城里人一起耕作的形式。

井田
丘 丘
丘 丘

山林相依 林果种植采摘区

林果采摘：种植果树，柿子、桃、梨、苹果、山楂、核桃。春季开花可组织桃花节、柿花节等，秋季收获可组织各类采摘活动。

山林探险：以村域最南端靠近城区为核心设置山林探险区，能够保证游客探险的安全。

森林防火：两分区中间地势较高且坡度较大，不建议进行大规模整体开发。

林果采摘
高山
山林探险

模式解析

合作社：负责土地出租
城里人：农业体验，采购农产品
农民：提供土地，照顾"公田"

节点功能

农产品培育基地
合作社办公室
小型停车场

林果采摘

山林探险

森林火险

交通规划

至九龙山风景区 蓟木台

至盘山口村 北京

至渔化市

至穿州市
天津市区

省道
村级主路
村级次路

游线规划

自行车环线
登山游线
田园观光游线

消防设施规划

紧急报警点（电话亭）
消防直升机停机坪
微型消防站

基础设施规划

P 园区

公共环保厕所
P 生态停车场
公共电话亭
餐饮点
闲消处
购物点

空间管制规划

规划道路
村域边界
适宜建设区
限制建设区
禁止建设区

总平面图

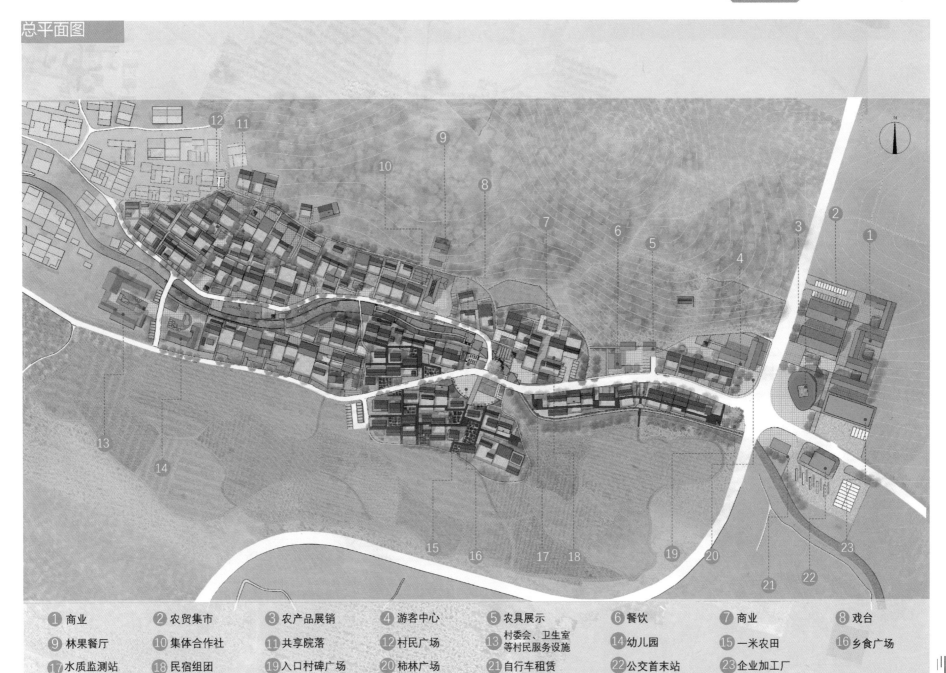

① 商业　② 农贸集市　③ 农产品展销　④ 游客中心　⑤ 农具展示　⑥ 餐饮　⑦ 商业　⑧ 戏台

⑨ 林果餐厅　⑩ 集体合作社　⑪ 共享院落　⑫ 村民广场　⑬ 村委会、卫生室等村民服务设施　⑭ 幼儿园　⑮ 一米农田　⑯ 乡食广场

⑰ 水质监测站　⑱ 民宿组团　⑲ 入口村碑广场　⑳ 柿林广场　㉑ 自行车租赁　㉒ 公交首末站　㉓ 企业加工厂

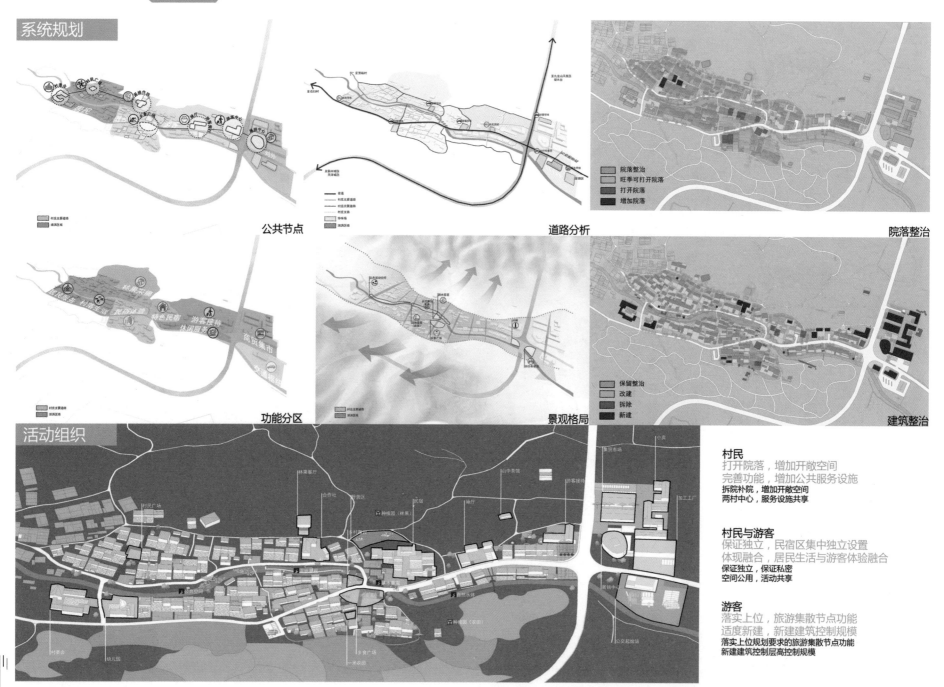

系统规划

公共节点

道路分析

院落整治
院落整治
旺季可打开院落
打开院落
增加院落

功能分区

景观格局
村庄主要道路
滨滨区域

建筑整治
保留整治
改建
拆除
新建

活动组织

村民
打开院落，增加开敞空间
完善功能，增加公共服务设施
拆院补院，增加开敞空间
两村中心，服务设施共享

村民与游客
保证独立，民宿区集中独立设置
体现融合，居民生活与游客体验融合
保证独立，保证私密
空间公用，活动共享

游客
落实上位，旅游集散节点功能
适度新建，新建建筑控制规模
落实上位规划要求的旅游集散节点功能
新建建筑控制层高控制规模

鸟瞰图

场地设计

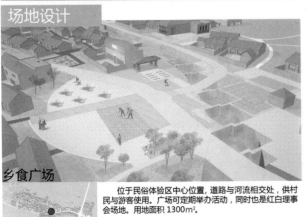

乡食广场

位于民俗体验区中心位置，道路与河流相交处，供村民与游客使用。广场可定期举办活动，同时也是红白理事会场地。用地面积1300m²。

一米农田

零散分布于民俗体验区，1m×1m大小的农田种植不同类型的农作物，可以作为村民的自留地，同时也可以让游客参与种植活动。

村民广场

位于村民生活区中心位置，供村民使用。进行绿化设计，设置花架、健身器材，供村民活动。用地面积500m²。

河道设计

策略一：
梳理、联通和整治现状时临河，打造骨干河流宽广流长，同时给支流留出水体空间。

治理前：河道淤塞阻断   治理后：水系重新贯穿

策略二：
水质净化，通过湿地、沼泽等种植形态净化基地内河道。

策略三：
沿水线安排休闲体验和文化活动，打造富有活力的亲水空间，并由滨水散步、慢跑、自行车等慢行交通相连。

分段设计

现状时临河河道从村庄中间穿过，依据不同的功能分区以及使用人群将河道划分为四段来进行设计。

丰水期    枯水期

公共空间   湿地景观    跌水景观   自然水体

公共空间

西段，村民生活区，结合河道设置活动广场以及休闲步道。

湿地景观

中段，河道内种植蔬菜作为湿地景观，设置活动场地、慢行步道、坡道以及观光平台。丰水期河道可用来泄洪，枯水期种植蔬菜。

跌水景观

中段，结合乡食广场设计跌水景观兼具净化功能。

自然水体

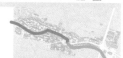

东段，结合河道设置石制驳岸、滨水小路、石桥，给予游客亲近自然的空间体验。

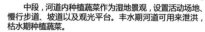
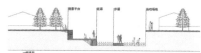
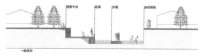
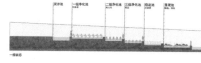

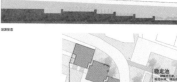

公共建筑

游客餐厅——飨厅

集贸市场

幼儿园

村委会

游客中心

公交始末站

功能：餐厅、住宿、农机停放
规模：用地面积 2000 m²

功能：农贸市场、小卖
规模：用地面积 9000 m²

功能：三班幼儿园、托儿所
规模：用地面积 1800 m²

功能：村委会、图书馆、卫生所、村民活动中心
规模：用地面积 4500 m²

功能：问讯处、休息处、售票处、礼品店、救援中心
规模：用地面积 1800 m²

功能：公交始末站、自行车租赁、客车停放
规模：用地面积 7500 m²

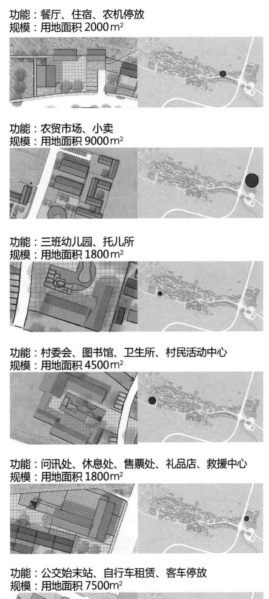

院落改造

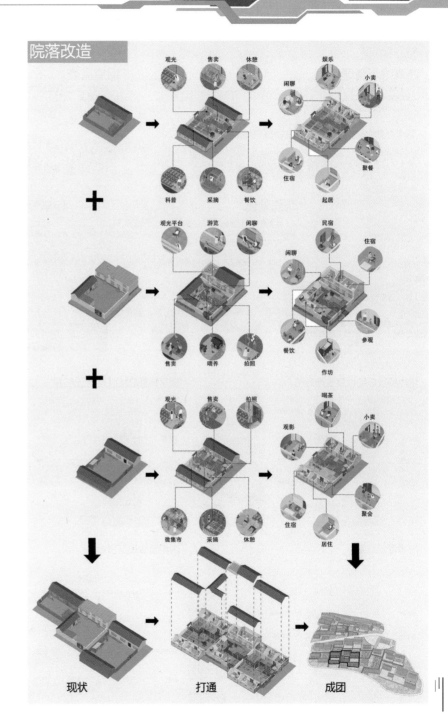

现状　　　　打通　　　　成团

行动——清理

违章建筑清理

现状共识别出 16 处违章建筑，但实际每家每户基本都有私搭乱建情况。分为院外私搭乱建和院内私搭乱建。

河道清理

现状时临河河道因枯水期较长，河道内堆积大量垃圾，河道上也有违章构筑物。不仅影响美观，还会影响丰水期的泄洪。

乱堆乱放清理

柴火堆放

每户确定固定堆放场地

杂物堆放

清理

院外私搭乱建　院内私搭乱建

建设仓库，统一管理

建筑材料堆放

农具堆放

建设农具堆放点

行动——道路

路面硬化

水泥硬化型路面针对村庄主要道路，满足机动车的通行需求。
砖石硬化型路面针对村庄次要道路，同时考虑机动车以及行人需求。
混合硬化型路面针对步行小路，考虑步行景观需求。

保留道路：
大部分为保留道路，进行路面整治

拓宽道路：
将一条村庄环路拓宽至 5m

新建道路：
村庄东侧新建多条 2m 道路，加强和东西联系

步行小路：
将部分宅间小路撤销，改为步行景观路

停车设施

村内活动场旁边、路口规划停车区域，以满足停车需求。根据不同交通工具以及使用对象，设置不同类型的停车场。分为小客车停放：居民停车、游客停车；农机停放；自行车停放；客车停放。

绿化设计

过境道路
绿化设计应考虑远景与山体配合效果，近景应考虑行人的可接近性。

村庄道路
主要道路绿化以果树、花卉、灌木为主。次要道路宽度绿化以果树、小菜园为主。体现乡村特色。

水泥硬化型路面　砖石硬化型路面　混合硬化型路面　小客车停放　农机停放　自行车停放　客车停放　现状　连翘　碧桃　核桃树　柿子树

行动——道路

墙体特征总结以及改造方法

材质	特征	分布	现状图片	改造方法
石墙	具有村庄特色，就地取材，由自手工艺的审美表现，建设难度较大	少数老旧民居		修葺
红砖墙	材料价格较廉，施工周期较长，与村庄风貌相冲	大部分民居		修葺
青砖墙	具有村庄特色，一般与石材混合使用，成本较高	少数老旧民居		修葺
贴片墙	外墙贴材，回贴片均颜色各异，与村庄风貌不符	大部分农家乐		将之前花纹的贴片替换成青砖贴片或者东头贴片
抹灰墙	具有现代建筑的风格，与村庄风貌不符	少量农家乐		外墙青砖贴片或石头贴片

屋顶特征总结以及改造方法

材质	特征	分布	现状图片	改造方法
坡屋顶 红瓦	硬山顶，符合村庄风貌，成本低廉	大部分民居		修葺
坡屋顶 青瓦	硬山顶，符合村庄风貌，成本较高	少数老旧民居		修葺
坡屋顶 彩钢瓦	硬山顶，不符合村庄风貌，成本低廉，建造速度快	少数老旧民居		拆除，改造为红瓦或者青瓦
屋顶装饰	椽子，原顶正脊两端均有装饰	所有坡屋顶		修葺
平屋顶	外墙较厚，且见不到顶，地面各异，与村庄风貌不符	大部分农家乐		改造为可上人平屋顶，增补兼具晾晒功能

传统建筑特征总结

特征	现状图片	现状评价
坡屋顶	为硬山顶，一条正脊，四条垂脊，瓦片多为红瓦，少数分为青瓦	保存完好，为大部分民居特征
墙体	墙体较厚，为石墙或者是石砖混合体	保存完好，但现状数量较少
屋顶装饰	蝎子尾，正脊两端起挑的小件构件	保存完好，为大部分民居特征
椽子	屋顶坡顶的最基层构件，位于屋檐下	保存完好，但现状数量较少
装饰	木制雕刻构件以及特色花砖的使用	保存一般，现状照料较好

特色元素

入户门外加布帘：
统一布帘样式 → 统一品质样式

粮食室外堆放：
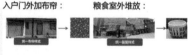

宅基地均有编号：
编号绿底蓝白字 → 00

炊具室外使用：
禁止放炊具室外使用

院墙形式归纳

材质	优点	缺点	分布	现状照片
红砖	建筑材料价格低廉，施工简单，稳定性高	颜色风貌与村庄风貌有不同	大部分新建民居	
石砌墙	就地取材，价格较低，采用特色设计，具有地方特色，风貌好，稳定性高	墙体砌墙情况较多	大部分老旧民居	
混合式	兼具两种材质，多为在原有的石墙上，用红砖或者水泥砌	两种材质不协调	少量新建民居	
水泥墙		与村庄风貌不协调	少量新建民居	
栅栏式		没有围墙的概念，与村风貌不协调	农家乐和大部分新建民居	

院墙整治措施引导

对象	改造原因	改造结果	意向图片
风貌改造型	水泥墙、栅栏式墙体起风貌较大的地方	水泥、铁栅栏与村落风貌厚重不协调，影响乡村传统的传承，不利于村庄文化的传承	用石砌墙进行改造，自由于村庄本身，充分考虑墙体风貌本体属性以提高开放性
墙体改造型	位于民俗体验区的院墙	观状院墙私密性较强，村民与游客难以交流	依现墙体整治效果，将墙体做局部门扇，游客和游客可打开分享的墙面
墙身修缮型	老旧住宅有损坏的院墙	老旧石砌墙，石头缝隙较大，有一定危险性	在石头缝隙里进行修补，增加墙体的稳定性
新建	针对缺少围墙的建筑	缺少围墙难以有明确的界限	采用石砌墙体，围合出新的院落

石材特征总结以及改造方法

位置	功能	现状图片	现状评价
挡土墙	道路两侧和与地形起伏较大的地方	支撑道路填土或山坡土以填，防止填坡土或土体滑坡失稳	石材的挡土墙具有本土维护作用且可利用，但现状有破损较严重
石制河岸	河道沿岸	保护河床和道路安全	现状质量较好，但石制河岸没有覆盖全河岸
房屋基础	房屋下部	增加房屋稳定性，拉开炭层高度	采用石材的效果，拉升房屋使用的安全性，现状保护较好

整饬

交通标志：

村庄　注意儿童　连续弯道　信息类标识　指示类标识　提示类标识

标识系统：

村庄亮化：
普通路灯　太阳能路灯

村内广告：
现装电线杆上的广告

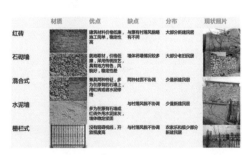  

智慧运营

1. 智慧设施建设

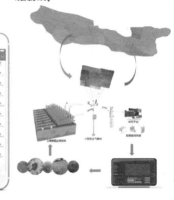
Cloud

片区 APP 联合开发:

以镇区为中心,鼓励开发适应"三农"特点的信息终端、技术产品、移动互联网应用(APP)软件,全面实施信息进村入户工程,构建为农综合服务平台。

村民	生产、生活等	
游客	观光、购物等	
企业	生产、销售、配送等	
政府	政策、平台、监管等	

四个面向

东井通

互联网+智慧乡村

【东井通APP】基于穿芳峪镇域自然和人文资源特色,以东井畅旅游景象做交通枢纽为基点,面向村民、游客、企业、政府人员,为每个村庄建设了一村一站,中国乡村的数数很多于个"失联",此应用为镇域各村搭立信息交流平台,并可有效对接京津城市群建设。

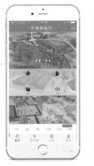

2. 智慧生产建设

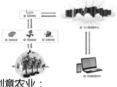

智慧农田:
推动化肥农药减量使用,促进农田节水。GIS 遥感卫星、北斗卫星导航系统、对地观测系统。

创意农业:
一米农田、家庭作坊
发展乡村新业态,乡村共享经济。

物流配送:
加强农产品加工、包装、冷链、仓储等设施建设。
加强邮政和快递网点建设,联合企业农产品加工厂建设智慧物流配送中心。

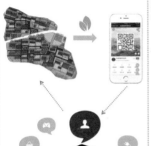

3. 智慧生活服务

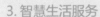

"互联网 + 教育":
推动光纤、宽带卫星等接入方式,普及互联网应用,推动城市优质教育资源与乡村中小学对接。

"互联网 + 医疗健康":
引导城市医疗机构向农村医疗卫生机构提供远程医疗、远程教学培训等服务。

完善面向孤寡留守老人、儿童等弱势人群的信息服务体系。

4. 智慧生态

农村生态保护信息化:
建立农村生态系统监测平台,统筹山水林田湖草系统治理数据。强化农田土壤生态环境监测与保护。

生态数据库

监营

5. 智慧管理

水质与污染物监测管理:
建设农村人居环境综合监测平台,强化东井峪水质监测与保护,实现对村内污染物、污染源全时全程监测。

"互联网 + 村务管理":
党务、村务、财务网上公开,畅通社情民意。

东井峪村

区位分析

地理区位

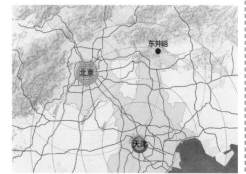

东井峪村位于天津市蓟州区穿芳峪镇,北京市东北方向,距北京、天津仅2小时车程。

旅游区位

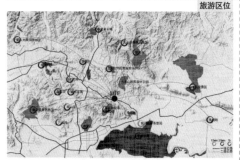

村庄周边旅游景点众多,多为自然景观旅游资源,也有历史人文和非物质文化遗产,距离多为15-30min车程。

交通区位

东井峪村被北津围北二线南北向纵贯,省道301东西向横穿,这两条道路既是镇域主要交通干线也是主要旅游景观公路。

村庄印象

背景分析

国家层面

国家层面对村庄建设五个方面的要求

产业兴旺 坚实的农业生产能力,高质量的农业供给体系,农村一、二、三产业融合发展体系。

生态宜居 基础设施建设完备,人居环境改善,生态环境好转,城乡基本公共服务设施均等化。

乡风文明 乡村社会文明程度较高,农民精神风貌较好,呈现文明乡风,良好家风,淳朴民风。

治理有效 党委领导、政府负责、社会协同、公众参与、法治保障,乡村社会充满活力、和谐有序。

生活富裕 农民就业质量较高,增收渠道进一步拓宽,城乡居民生活水平差距持续减小。

天津市的美丽乡村建设

到2020年实现"五个100%、一个显著提升"目标;到2022年,全市建成1000个美丽乡村。

乡野公园　农耕体验　房车基地　乡村民宿

区县层面

穿贯东井峪的津围北二线和省道301均是规划的景观公路和慢行道路。

东井峪村位于九龙山养生度假组团,可借助津围北二线的交通利好,整合周边毛家峪高尔夫、滑雪场、奇石林、穿芳峪乡野公园,结合既有农家乐,形成合力,带动区域发展。

东井峪村还位于山前文化旅游休闲带与北部综合休闲旅游区之间,起到了连接作用的同时也是山前文化旅游休闲的门户。

北区发展主题功能组团　九龙山养生度假组团

镇域0层

穿芳峪镇规划四条发展沟域,马平公路主沟域是穿芳峪镇的主要发展脉络,东井峪村位于其上;规划在马平公路与津围二线交汇处打造旅游集散中心节点,配备相关的旅游服务设施。

四条沟域　马平公路主沟域

东井峪全村位于生态黄线范围内,从事建设活动应当经市人民政府审查同意。

于桥水库是天津重要的水源地。东井峪村位于于桥水库上游,村内时临河直接流入于桥水库,环保责任重大。

 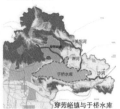

穿芳峪镇与于桥水库

自然环境

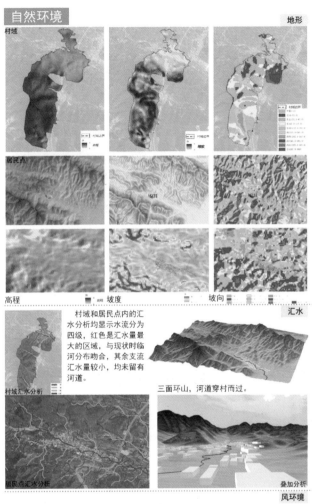

地形

村域

居民点

高程　　坡度　　坡向

汇水

村域和居民点内的汇水分析均显示水流分为四级，红色是汇水量最大的区域，与现状时临河分布吻合，其余支流汇水量较小，均未留有河道。

村域汇水分析

三面环山，河道穿村而过。

居民点汇水分析

叠加分析

风环境

利用 phoenics 软件对现状居民点范围内进行风环境分析，可以发现，现状农贸市场处四处少遮挡，风速多为 3.87-7.19m/s；时临河沿线风速较为适宜。多为 -0.27-32.21m/s。

Velocity, m/s
8.026818
7.196450
6.366081
5.535713
4.705344
3.874976
3.044607
2.214239
1.383870
0.553502
-0.276867
-1.107235
-1.937604
-2.767972
-3.598341
-4.428710
-5.259078

社会人口

人口情况

东井峪村共计户数 140 户，人口约 500 人，常住人口约 300 人；65 岁以上老年人达到 20%，老年人口比重较高。

家庭卡情况

老年人在家带孩子，青壮年早出晚归外出打工；平均家庭人口 4-5 人，与三代同堂相符合。

村内不需要大量劳动力	果树种植经济效益低	外出去大城市打工挣钱多
村内就业岗位少，砍柴少，果树种植只需要在各季度修剪枝条，中老年人口即可以满足劳动力需求。	柿子的收购价接近为1.5元/斤，低价的价格导致农夫人采摘量后很多柿子都烂在了山里。	村庄位于大城市郊区，周围就业机会多。

东井峪村人口

0-7岁 50人 10.00%
7-13岁 30人 6.00%
13-18岁 30人 6.00%
18-45岁 210人 42.00%
45-65岁 80人 16.00%
65岁以上 100人 20.00%

家庭结构

中老年独居 30户 21.43%
两代同堂 43户 30.71%
多代同堂 67户 47.86%

0-7岁 7-13岁 13-18岁 18-45岁 45-65岁 65岁以上 两代同堂 多代同堂 中老年独居

多代同堂的家庭模式

子女成家之后依然居住在老宅，三代同堂甚至四代同堂的大家庭。青壮年外出打工，老年人在家照顾第三代甚至第四代的传统家庭模式。

保持良好的邻里关系

天气晴朗的白天，村民们集聚在村头农贸市场或者村内宽敞的道路上跳广场舞，邻里关系较好。

能人志士回报家乡

村书记在镇上有经营良好的大型农家庄园，且愿意带领村民建设美好村庄。

文化习俗

柿子种植——盘山柿

2008 年 12 月 31 日，原国家质检总局批准对"盘山磨盘柿"实施地理标志产品保护。每年农历九月是盘山柿子的丰收时间，盘山一带柿林深处，果实累累，一派丰收景象。

商业习俗——集贸市场

地点：镇区
时间：五天一集，农历逢三逢八，五天一次

村名由来——东井峪

清代名东井儿，因村西有一眼井，村落位于水井东侧，则为东井峪，而西侧的村庄则为西井峪，现改为芳峪。

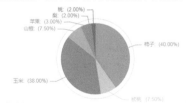

经济产业

个人收入状况

以种植业为基础，维持较低水平

东井峪村的年生产总值持续维持较低水平，近年来随着农家乐的兴起有小幅增长。

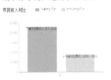

农民收入对比

集体收入状况

村内土地无流转情况，且无村自营企业，近年来政府补贴为零。

第一产业 第二产业 第三产业 农业 林业 养殖业 工厂打工 农家乐 商业 其他行业

集体收入结构

家庭收入

村民家庭年收入，约 75% 在 2-10 万元，10% 超过 10 万元，15% 远低于 2 万。收入来源主要为外出打工、自营农家乐和农产品种植等。

典型样本分析

村民 A 农家乐：年收入约 15 万，父母经营农家乐，青年人外出打短工。
村民 B 柿农：年收入约 8 万，父母种植柿子，青年人外出打工。
村民 C 孤寡老人：年收入约 1.5 万元，做环卫工人，并小规模种植柿子。

村民A　村民B　村民C

收入状况

家庭年收入

2-10万元
超过10万元
低于2万元

低于2万元 (15.00%)
超过10万元 (10.00%)
2-10万元 (75.00%)

第一产业

农业：以玉米为主要经济农作物，多分布在周围山脚下；自留地满足自家蔬菜需求。

林业：以柿子为主，主要种于山脚，有一定规模，定期有商贩收购。苹果、梨、桃等种植规模较小，多为孤植。

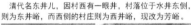

桃 (2.00%)
梨 (2.00%)
苹果 (3.00%)
山楂 (7.50%)
柿子 (40.00%)
玉米 (38.00%)
核桃 (7.50%)

农产种植比例

第三产业

服务业和零售业
主要是家庭农家乐，约有 15 家，类型雷同，对外吸引力弱；零售小商店规模小、环境差，售卖商品种类简单。

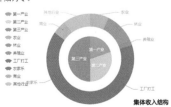

建筑功能

农家乐

共有农家乐 12 家，大都分布在省道 301 两侧，建筑一般悬挂红色的牌匾，沿路设有广告牌，年收入约为 15~20 万。

存在问题
竞争力不足。特色不够鲜明，吸引力不足，客源均为收入较低人群，且不稳定。

公共空间

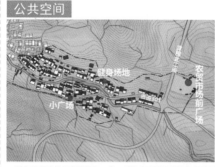

村内现有的公共空间不多。有一处设有建设设施的很小的场地，但破损严重，环境较差，有乱堆乱放现象；还有两处自发形成的打鼓、跳广场舞的较大的空场地，但均临近主要车行道，易受车行影响，缺乏安全性，有噪声污染，同时缺少凉亭、座椅等休憩设施。

农贸市场前广场　　健身场地　　小广场

闲置房

村内共有闲置房 8 家。
存在问题
浪费宅基地
有倒塌的安全风险
影响新农村风貌

公共服务设施

村内现有的公共空间不多。有一处设有建设设施的很小的场地，但破损严重，环境较差，有乱堆乱放现象；还有两处自发形成的打鼓、跳广场舞的较大的空场地，但均临近主要车行道，易受车行影响，缺乏安全性，有噪声污染，同时缺少凉亭、座椅等休憩设施。

村委会　　商业

市政服务设施

杆线与路灯：局部路段杆线布置杂乱，有倾倒现象。

环卫设施：仅省道 301 两侧设有垃圾桶，卫生情况较差。

厕所：农贸市场有一处公厕，村内无公厕，均为私搭的旱厕。

时临河环境：现状无水，部分作为道路使用，沟内垃圾污水直排等现象。

违章建筑

村内违章建筑约有 16 处。
存在问题
违章类型多样
侵占公共空间
建造质量差
有碍村庄整体风貌

棚子　　移动板房　　储藏室　　旱厕

道路交通

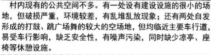

道路硬化率低，且有破损；停车位不足，存在乱停乱放现象。

景观环境

时临河　　景观要素

桥　　景观石

时临河：部分河道作为道路使用，沟内有垃圾、污水；
桥：由本地石材堆砌而成，较为稳固；
唐槐：树形优美高大，矗于路旁屋后；
井：砖砌而成，年久弃用；
景观石：形态完整，未经打造。

建筑功能

Step1: 构建产业格局

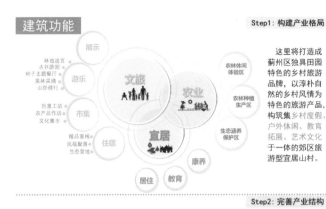

这里将打造成蓟州区独具田园特色的乡村旅游品牌，以淳朴自然的乡村风情为特色的旅游产品，构筑集乡村度假、户外休闲、教育拓展、艺术文化于一体的郊区旅游型宜居山村。

Step2: 完善产业结构

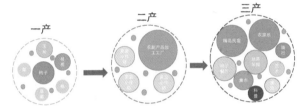

一产：粮食作物以玉米为主，经济作物以柿子为主，从小规模、零散种植向规模化、种类化分区种植发展。
二产：通过农副产品加工工厂和家庭小作坊二元生产方式，对本地农产品进行再加工和深加工，增加村内就业岗位，为村民谋取利益最大化。
三产：在一产和二产的基础上，向旅游服务方向扩展，包括精品民宿、林果采摘、艺术写生等多元化旅游活动，提升旅游品质，拉动村民就业和收益，提升村庄风貌。

Step3: 延伸产业链条

延伸盘山柿特色产业链条。从原本小规模零散种植、商贩收购，通过农产品加工工厂和家庭小作坊以及各类旅游参与体验类项目，延伸为规模化、系统化的"种、做、吃、摘、卖、展"一条龙的产业链条。一方面可以增加增加居民收入，另一方面可以丰富村庄生活。

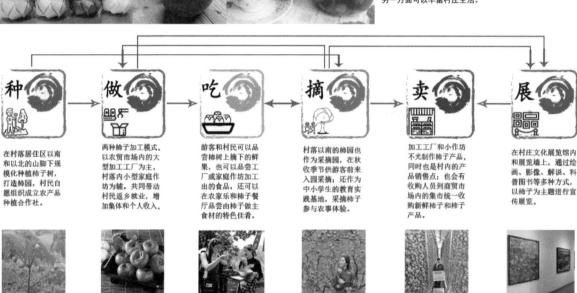

种 在村落居住区以南和以北的山脚下规模化种植柿子树，打造柿园，村民自愿组织成立农产品种植合作社。

做 两种柿子加工模式。以农贸市场内的大型加工工厂为主，村落内小型家庭作坊为辅。共同带动村民返乡就业，增加集体和个人收入。

吃 游客和村民可以品尝柿树上摘下的鲜果，也可以品尝工厂或家庭加工出的食品，还可以在农家乐和柿子餐厅尝由柿子做主食材的特色佳肴。

摘 村落以南的柿园也作为采摘园，在秋收季节供游客前来入园采摘；还作为中小学生的教育实践基地，采摘柿子参与农事体验。

卖 加工工厂和小作坊不光制作柿子产品，同时也是村内的产品销售点；也会有收购人员到商贸市场内的集市统一收购新鲜柿子和柿子产品。

展 在村庄文化展览馆内和展览墙上，通过绘画、影像、解说、科普图书等多种方式，以柿子为主题进行宣传展览。

建筑功能

村民的一天

儿童 去学校上学
青壮年
老人

引入外来资金，对项目统一运营管理，落实规划的同时，尊重村民意愿，让东井峪成为村民的东井峪。

东井峪+旅游：通过发展旅游业，增加村民就业，通过对乡村体验生活充分发掘，满足旅客需求的同时，增加集体和村民的收入。

东井峪+艺术：将艺术植入乡村，发掘乡村本身艺术家。通过村民和艺术家的共同创造，充分利用本土材料，培养新型村民。

自然游览　农事体验　作物认知
体验式旅游　旅客
企业　资金　就业
统一运营管理　建设
文化传承　提供灵感　艺术熏陶　艺术家
村民　培养新型村民
引领发展
东井峪　知识　养生　眼界　审美
培养村民个人品味与情趣作为艺术乡建的内生持续动力

村民的东井峪

游客的东井峪

客群分析

京郊游客更偏爱城郊旅游，且更喜欢自驾出游，喜偏自然风光。

出游目的地　出游方式　出游目的

游客的一天

一家人　田园漫步　品尝农家饭菜　采摘柿子、核桃等林果　亲子活动　草地露营
中小学生　植树教育　农事体验　绘画写生　走瓮牖迷宫
艺术爱好者　民房体验　摄影采风　绘画创作　茶艺品茗
　　山谷骑行　骑行爱好者　精品体验　拍照留念　去集市买山村特产

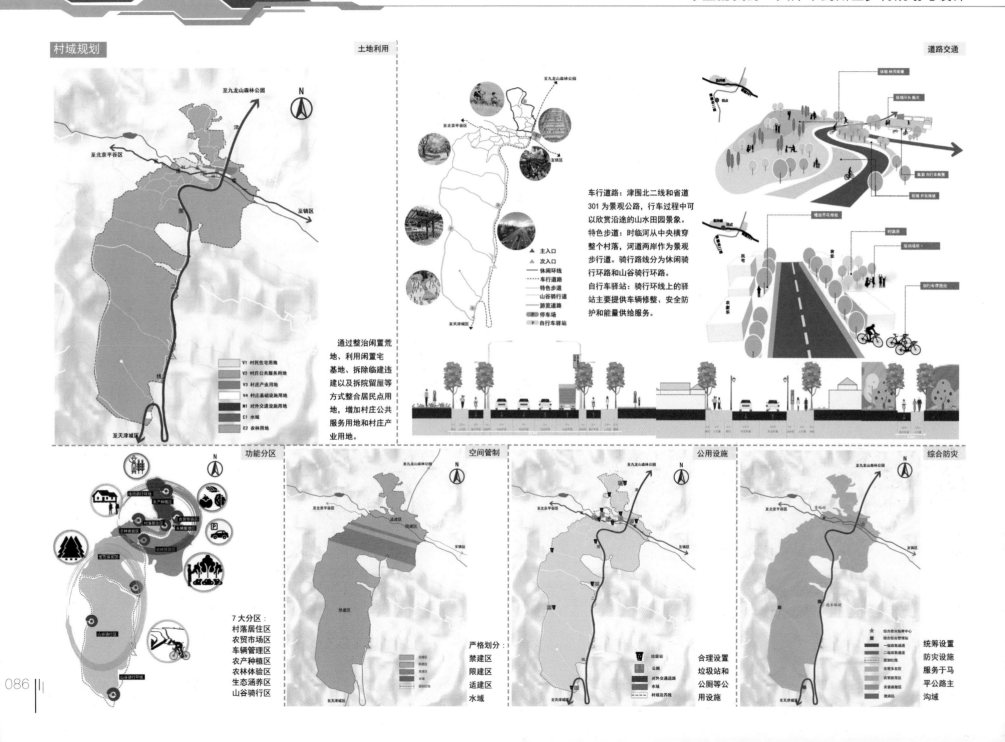

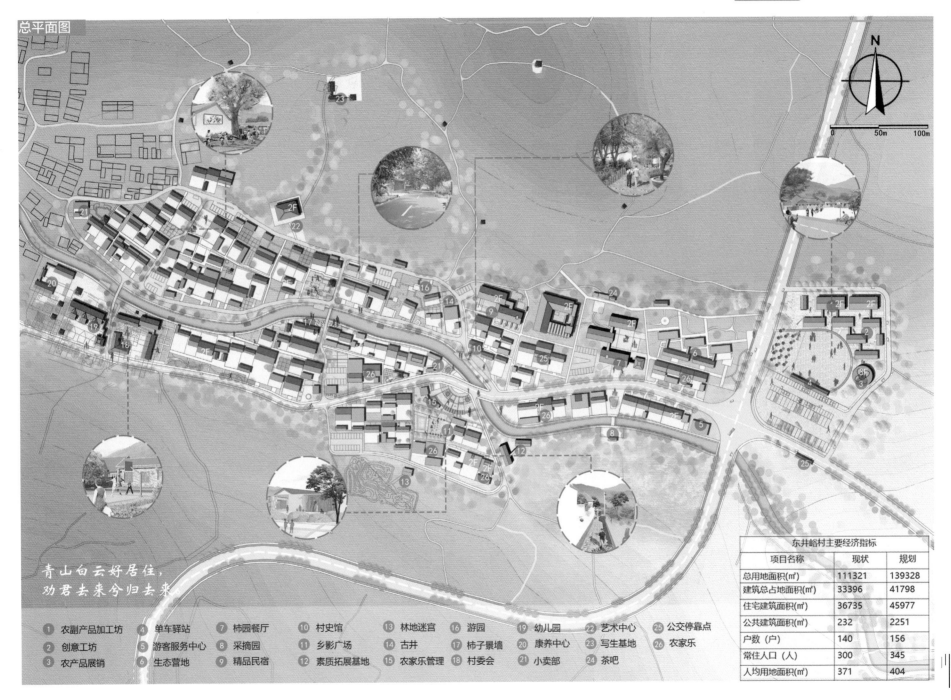

总平面图

青山白云好居住，
劝君去来兮归去来。

序号	名称	序号	名称	序号	名称	序号	名称	序号	名称	序号	名称	序号	名称
①	农副产品加工坊	④	单车驿站	⑦	柿园餐厅	⑩	村史馆	⑬	林地迷宫	⑯	游园	⑲	幼儿园	㉒	艺术中心	㉕	公交停靠点
②	创意工坊	⑤	游客服务中心	⑧	采摘园	⑪	乡影广场	⑭	古井	⑰	柿子景墙	⑳	康养中心	㉓	写生基地	㉖	农家乐
③	农产品展销	⑥	生态营地	⑨	精品民宿	⑫	素质拓展基地	⑮	农家乐管理	⑱	村委会	㉑	小卖部	㉔	茶吧		

东井峪村主要经济指标

项目名称	现状	规划
总用地面积(m²)	111321	139328
建筑总占地面积(m²)	33396	41798
住宅建筑面积(m²)	36735	45977
公共建筑面积(m²)	232	2251
户数（户）	140	156
常住人口（人）	300	345
人均用地面积(m²)	371	404

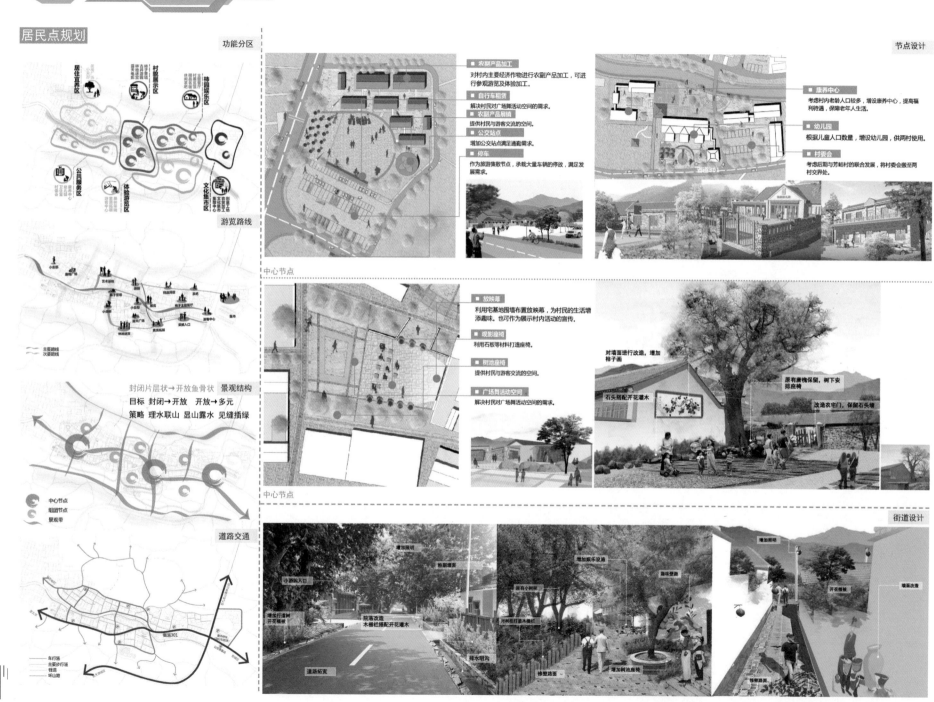

居民点规划

功能分区

居住宜养区
村貌展示区
柿园娱乐区
公共服务区
体验游览区
文化集市区

游览路线

景观结构
封闭片层状→开放鱼骨状
目标 封闭→开放 开放→多元
策略 理水联山 显山露水 见缝插绿

中心节点
组团节点
景观带

道路交通
车行道
主要步行道
特道
环山路

节点设计

■ 农副产品加工
对村内主要经济作物进行农副产品加工，可进行参观游览及体验加工。

■ 自行车租赁
解决村民对广场舞活动空间的需求。

■ 农副产品展销
提供村民与游客交流的空间。

■ 公交站点
增加公交站点满足通勤需求。

■ 停车
作为旅游集散节点，承载大量车辆的停放，满足发展需求。

■ 康养中心
考虑村内老龄人口较多，增设康养中心，提高福利待遇，保障老年人生活。

■ 幼儿园
根据儿童人口数量，增设幼儿园，供两村使用。

■ 村委会
考虑后期与芳裕村的联合发展，将村委会搬至两村交界处。

中心节点

■ 放映幕
利用宅基地围墙布置放映幕，为村民的生活增添趣味。也可作为展示村内活动的宣传。

■ 观影座椅
利用石板等材料打造座椅。

■ 树池座椅
提供村民与游客交流的空间。

■ 广场舞活动空间
解决村民对广场舞活动空间的需求。

中心节点

街道设计

088

河段设计

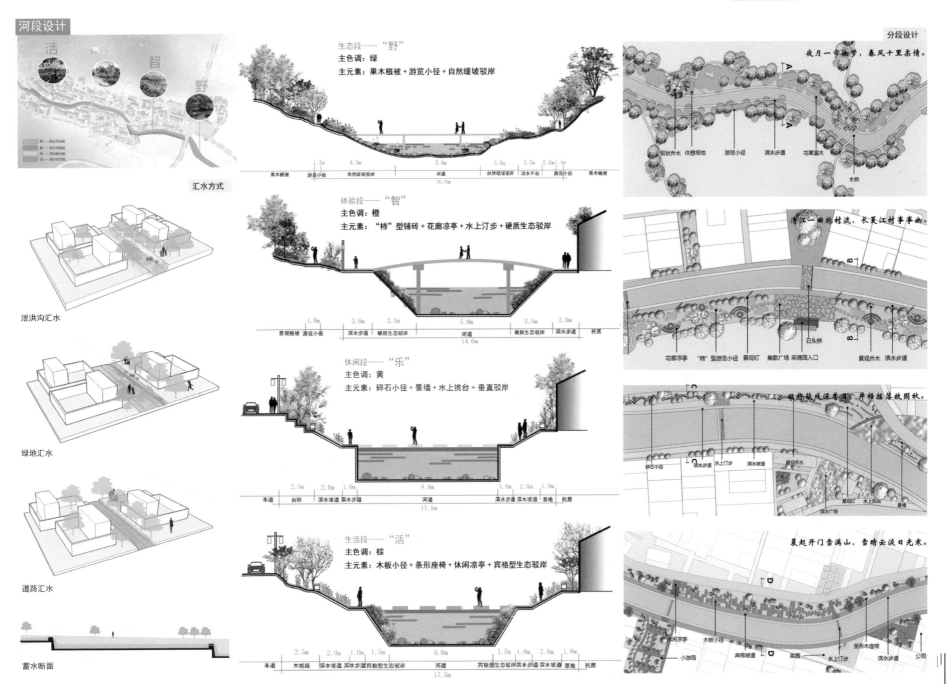

汇水方式

泄洪沟汇水

绿地汇水

道路汇水

蓄水断面

分段设计

生态段——"野"
主色调：绿
主元素：果木植被 + 游览小径 + 自然缓坡驳岸

果木植被　游览小径　自然缓坡驳岸　　　河道　　自然缓坡驳岸　滨水平台　游览小径　果木植被
1.5m　4.5m　　　5.0m　　　3.0m　2.5m 2.0m 1.5m
20.0m

夜月一帘幽梦，春风十里柔情。

现状乔木　休憩场地　游览小径　滨水步道　花草灌木
木桥

体验段——"智"
主色调：橙
主元素："柿"型铺砖 + 花廊凉亭 + 水上汀步 + 硬质生态驳岸

景观植被 游览小径　滨水步道 硬质生态驳岸　　河道　　硬质生态驳岸 滨水步道 民居
1.0m　2.0m　2.5m　　5.0m　　2.5m　2.0m
14.0m

清江一曲抱村流，长夏江村事事幽。

花廊凉亭　"柿"型游览小径　景观灯　集散广场 采摘园入口　　景观乔木　滨水步道
石头桥

休闲段——"乐"
主色调：黄
主元素：碎石小径 + 景墙 + 水上挑台 + 垂直驳岸

车道 台阶 滨水坡道 滨水步道　　河道　　滨水步道 滨水步道 草地 民居
2.5m　2.0m 1.0m　　8.0m　　1.0m　2.0m 1.0m
17.5m

碎石小径　滨水步道 水上汀步 滨水坡道　景观乔木　　景观灯 水上挑台 景墙
滨水广场

生活段——"活"
主色调：棕
主元素：木板小径 + 条形座椅 + 休闲凉亭 + 宾格型生态驳岸

车道 木板路 滨水坡道 滨水步道宾格型生态驳岸　河道　宾格型生态驳岸 滨水步道 滨水坡道 草地 民居
2.5m　2.0m 1.0m 1.5m　　5.0m　　1.5m 1.0m 2.0m 1.0m
17.5m

晨起开门雪满山，雪晴云淡日光寒。

休闲凉亭 木板小径 宾格坡道 菜圃 水上汀步 条形木座椅 滨水步道
小游园 公园

鸟瞰图

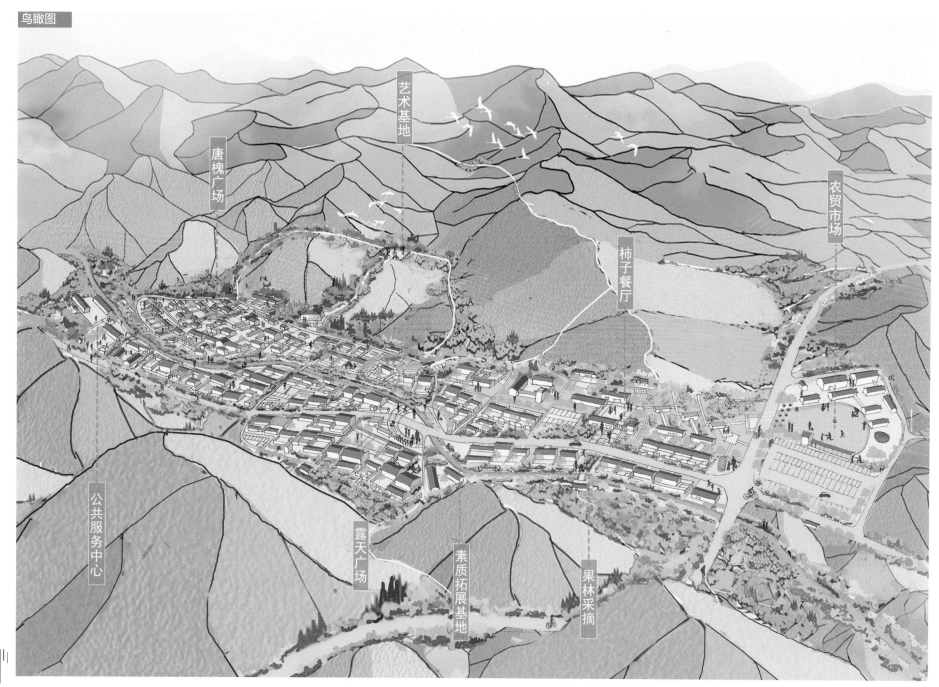

艺术基地

唐槐广场

农贸市场

柿子餐厅

公共服务中心

露天广场

素质拓展基地

果林采摘

环境整治

整治思路

```
清 → 理
```

清：乱搭乱建、残垣断壁、乱堆乱放、杂草乱石

理：厘清边界、规范堆放

优：美化装饰、优化标识、强化照明、乡村小品、乡村小品

"清"

重点区域
时临河道、省道两侧、绿化廊道、公共空间

重点内容
① 拆除私搭乱建：13处　　② 拆除残墙断壁：3处
③ 清理乱堆乱放：7处　　④ 清理杂草乱石：6处

"优"

美化装饰

绿化遮挡——辅房用灌木绿化遮挡

绿化美化——围墙、篱笆增加爬藤植物

优化标识

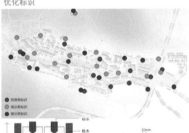

信息类：在村口及村内公共空间处放置信息类标识；

指示类：在道路交叉口等处设置停车、公厕、公共空间等的指示方向的标识；

提示类：在河边、山路旁、小游园等设置提示安全、环保的标识。

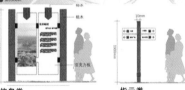 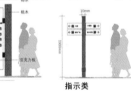 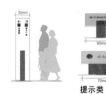

信息类　　　指示类　　　提示类

强化照明

路灯沿村内主要道路每隔20米/个；
柱灯主要设置在滨河步道、广场、游园以及村庄内次要道路上；
地灯主要设置在游览小径旁、广场游园绿地内以及宅间小巷旁；
灯笼主要挂于民宅和公共建筑屋檐内。

"理"

厘清边界——外部道路边界

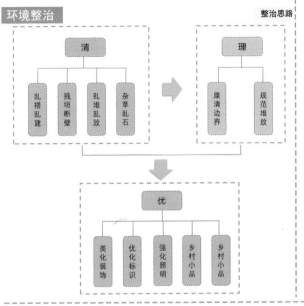

灌木绿篱

围墙围合边界

果园/停车场　　　灌木绿篱围合边界

绿化带

津围北二线

围墙

果木篱笆
利用农家种植的柿树、桃树、梨树等，在村庄内绿地旁布置不同高度的果木篱笆，隔离道路与其他空间；

垛墙
以石垛墙围合民宅的院落空间，增加村庄环境的趣味性；

植物绿篱
民宅周边种植爬藤类植物，形成绿篱，遮挡游人视野，营造私有空间。

厘清边界——村庄内部道路

建筑　　菜地

水泥地　　村庄道路

选用竹篱笆围合边界

小果园　　菜地

村庄道路

在村庄内用不同高度的果木篱笆，隔离村庄内部道路、入户路与小果园、菜地，以此保持道路的整洁干净，也保护蔬菜瓜果免遭踩踏。

规范堆放

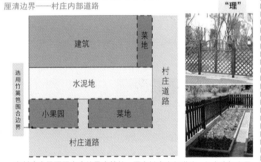

沿村域和村庄主要道路两侧禁止堆放，居民点内划定6处集中堆放区域，其他引导屋后整齐堆放。

主要堆放的是砖瓦石块等本土建材以及树枝果木干草等柴火。

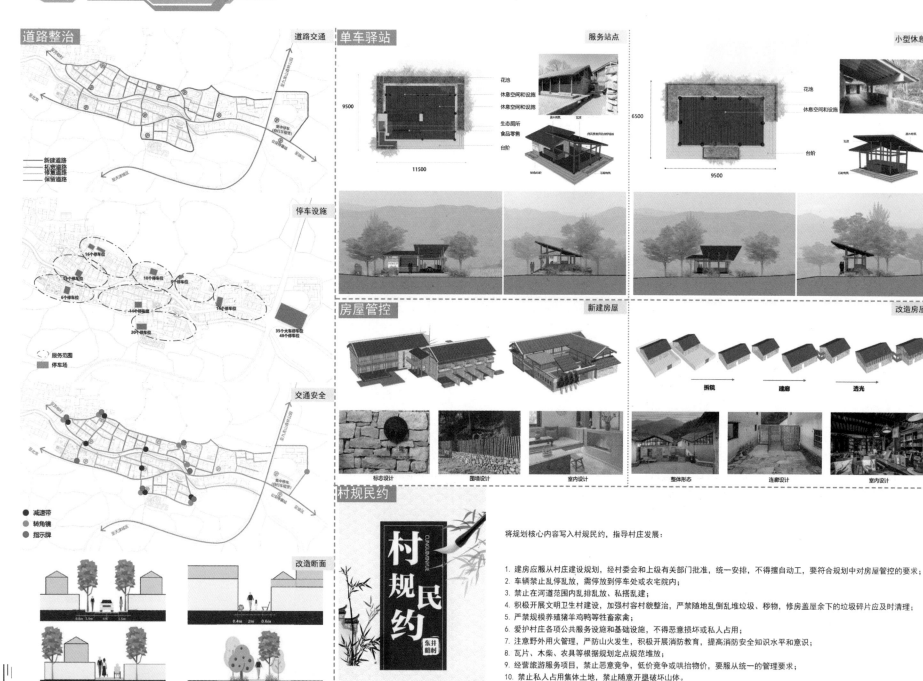

石臼村

背景解读

推进农业科技创新
随着一号文件对农业科技创新改革的重要地位确立，我国开始进入加快推进农业现代化建设的新阶段。
2012.02

供给侧结构性改革
加快转变农业发展方式，保持农业稳定发展和农民持续增收，走产出高效、产品安全、资源节约、环境友好的农业现代化道路。
2015.10

绿色发展科技创新
大会旨在倡导绿色发展理念，聚焦绿色科技主题，解读创新前沿趋势，推动绿色经济合作，展示美丽中国方案。
2018.09

美丽乡村建设指南 2015.06
良好的生态环境，发达的经济产业，丰富的精神文化，实现自然环境、村落布局、产业发展。

乡村振兴战略 2017.10
实施乡村振兴战略，要推动乡村产业振兴，推动乡村人才振兴，推动乡村文化振兴，推动乡村生态振兴推动乡村组织振兴，统筹谋划，科学推进。

区位分析

交通区位

周边城市

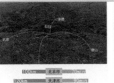

石臼村位于天津市蓟州区穿芳峪镇。而蓟州区位于天津市最北边，地处京津唐承四市之心腹。交通较为通畅，公路铁路较多。京秦、津蓟铁路。高速公穿过蓟州区的铁路有：大秦、京蓟。路有：京平、津蓟、唐承高速公路。

天津市　　蓟州区　　穿芳峪镇
—— 村庄主要道路
过境路
镇域

穿过穿芳峪镇的公路有津围北二线、马平公路、喜邦路。可至北京平谷区、天津蓟州城区、马伸桥镇，可达性高。石臼村临近马平公路（省道301），居民点不被公路穿越，交通较为方便。

景观区位

天津市　　蓟州区　　穿芳峪镇

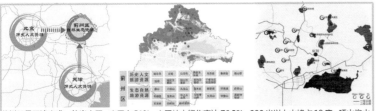

蓟州区是天津市唯一的半山区，山区占51%，山区林木绿化率达76.5%，900米以上山峰占19座，环山抱水，山间隐藏各种奇珍走兽有"天津后花园"的称号。

上位规划

国家层面——《乡村振兴战略规划（2018—2022年）》
产业兴旺　　生态宜居　　乡风文明　　治理有效　　生活富裕

从国家层面上对村庄建设提出了五个方面的要求

国家层面——《天津市乡村规划编制技术要求（2018版）》
农村生活垃圾100%进厂处理　　规划保留村生活污水100%达标排放　　农村旱厕100%改造　　乡村公路100%列养　　村庄环境整治100%覆盖

美丽乡村五个建设目标：到2020年实现"五个100%、一个显著提升"目标；到2022年，全市建成1000个美丽乡村。

区县层面——《蓟县旅游发展规划（2015年）》

一级旅游服务城镇
（旅游小镇或旅游核心服务区）
蓟县城区
城市旅游集散地
提供基础旅游服务（交通、应理、信息）、接待设施（住宿、商业、餐饮及服务）等高级旅游综合配套

二级旅游服务基地
下营镇、郭均镇、官庄镇、下仓镇、穿芳峪镇
游客接待中转地
满足游客需求的小型酒店和家庭旅会点，辅以相应的旅游工具等服务

三级旅游服务站
旅游村
乡村旅游核心载体
符合游客休闲度假需求的特色民俗、农庄，辅以餐饮、商业及交通工具等配套服务，同时配套相应的旅游发展设施用地。

蓟县旅游配套体系（三级旅游服务站）

石臼村位于蓟北山地型休闲度假旅游区并在蓟北山地避暑观光带发展轴上。　　石臼属于三级旅游服务站。需配置符合游客休闲度假需求的特色民俗、农庄，辅以餐饮、商业及交通工具等配套服务，同时配套相应的旅游发展设施用地。

镇域层面——《天津市蓟州区穿芳峪镇总体规划（2016—2030年）》

石臼属于于桥水库上游，环保责任重大。　　石臼村位于穿芳峪镇马平公路主沟域。　　石臼发展山地特色民宿。　　石臼入口s301省道上规划公交站点。

相关规划

《蓟县北部山区村庄规划一标段 地质灾害危险性评估报》

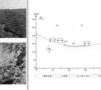

村庄建筑物集中在山谷及阶地之上，整体南北高中部低，西高东低。评估区范围基底为石臼岩体，总体分布近南北向。因村民修路及建房开挖山坡坡脚，局部存在陡坡，坡面岩石破碎。　　石臼村破坏地质环境的人类工程活动中等。　　评估村庄处在低山丘陵区，发育崩塌地质灾害。据现场调查发现，石臼村存在3处。

基地解读

道路系统

1）对外联系道路。省道 301、盘山公路。路面质量较好，但缺乏入村指示牌。
2）村庄内部道路。村庄主要道路、村庄次要道路。村庄主要道路路幅宽度约 3-4m，且大多数已硬化。村庄次要道路路面宽度约 2-3m，几乎没有硬化。

空闲宅基地

永久空置 1 处，目前房屋破败，用作放置生产工具的杂物间。
长期空置 3 处，房屋状况良好，房主仅在过年时期暂时回来居住。
闲置宅基地 2 处，属个人所有。

公共服务设施

1）行政管理：村委会 1 处，规模不足 300 m²。
2）教育设施：无幼儿园、小学，中学等教育设施。
3）文体设施：无公共活动场地、文化中心等文设施。
4 医疗卫生设施：无医疗卫生设施。
5 商业服务设施：无小卖部等商业设施。

现状照片

现状平面图

优势
政府大力支持
旅游市场潜力大
特色产品种植
自然景观好
气候适宜
村民积极性高

劣势
部分建筑质量差
房屋空置
房屋功能单一
道路硬化程度低
便捷道路缺乏
设施不全
公共空间缺失
空心化、老龄化
特色文化不突出
特色景观未利用
旅游发展滞后

建筑层数

建筑层数多为一层，少数为二层，从建筑层数看来，建筑高度差别仅一层，约 3m。但因石臼村处在山区，加之地形更能体现建筑的实际高度。从屋顶海拔高度图看，建筑实际高度大致处于四个高度，自西向东逐级递减，最高相差 32m。

屋顶海拔高度

视线分析

A、B、C、D 所取点景观最佳。视线范围内，山形起伏，凹凸有致，视觉感受较为丰富。青山—绿树—石屋，富有层次变化，色彩过渡自然，作为村庄背景山，彰显磅礴之势。E 点位于进村山丘处，可观全村风貌。

山体破坏

石臼村位于山间谷地之上，评估区高程 130～415m。石臼村由于修建盘山公路，对山体进行开挖，使山体稳定性遭受破坏，人为形成陡坡。因村民修路及建房开挖山坡坡脚，局部存在陡坡，坡面岩石破碎。（破坏中等）

坡度坡向分析

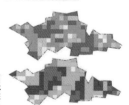

地形地貌：以山地和丘陵为主，海拔基本在 130-161m，坡度在 20%-40% 之间

山水环境

汇水分析

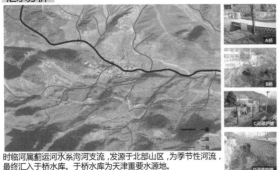

时临河属蓟运河水系沟河支流，发源于北部山区，为季节性河流，最终汇入于桥水库。于桥水库为天津重要水源地。

风环境分析

选择四个台地 +1.5m 的海拔高度分别进行风环境分析
全年平均风速：1.8m/s

夏季风环境　主导风向：南偏东 22.5 度

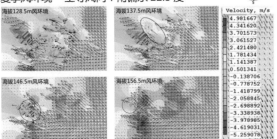

海拔136m的山谷中风速适中，夏季感到凉爽；海拔145m和155m台地上风速较低，属老年人最适宜的软风。

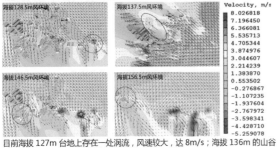

目前海拔127m台地上存在一处涡流，风速较大，达8m/s；海拔136m的山谷中风速适宜，属人感到舒适的轻风；

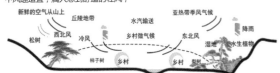

资源分析

自然资源

生态资源

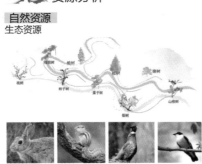

山水格局

历史文化资源

建筑年代

清代1900年左右

1980-2000年

2000年以后

石臼村不再批新宅基地，但因家庭人口增加，则在日照良好的条件下在同宅基地前院增加建设用房，满足需要。

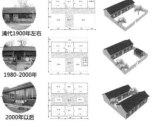

传统建筑结构

房屋结构以木柱托梁架檩，支撑椽条和轻瓦屋顶，屋顶多是人字形，坡斜度平缓。

墙体有青砖墙、生砖墙、石墙及夯土墙。低窗台，窗户过去多支摘窗，窗上有棂格、糊纸。

为华北平原汉族传统民居建筑，多数是平房，室内砌有土炕，与灶相通。

传统建筑特色

产业资源

产业结构

产业结构
├ 农业 ─ 种植业 ─ 农作物和果树
└ 服务业 ─ 旅游休闲 ─ 农家乐

第一产业

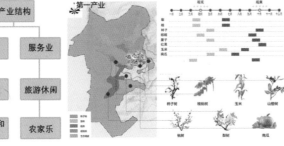

第三产业

人群分析

人群构成

年龄分布

人口流动

群体类型

人群访谈

我是石臼村的村主任，看着别的村搞旅游，我们也想搞，就是没有专业的人员帮助，村又小、知名度低，不知道发展什么样的旅游好。

爸爸妈妈去城里工作，只有我和爷爷奶奶在家，我很想爸爸妈妈。村里没有我们小孩子可以玩耍的地方。

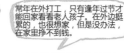

常年在外打工，只有逢年过节才能回家看看老人孩子。在外边挺累的，也很想家，但是没办法，在家里挣不到钱。

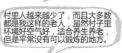

村里人越来越少了，而且大多数都是我这样的老人，虽然村子里环境好空气好，适合养生养老，但是平常没有可以锻炼的地方。

核心诉求

村子发展需推动旅游定位需明确

活动场所需营造父母孩子需分离

村子产业需发展经营模式需明确

村子特色需保留养老问题需考虑

农耕活动

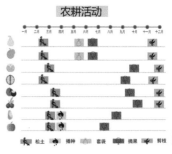

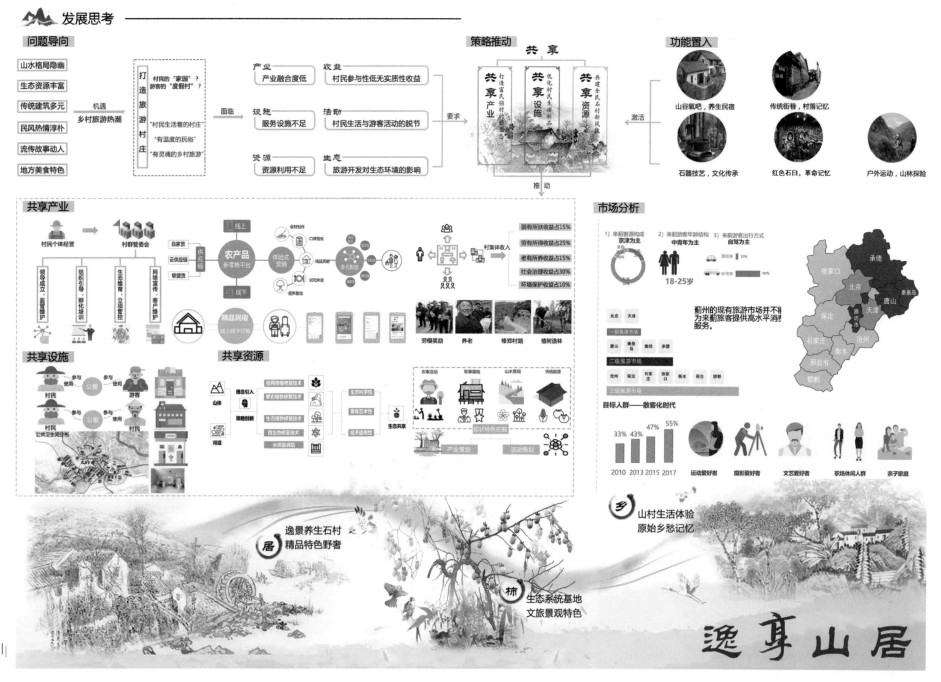

发展思考

问题导向

山水格局隐幽
生态资源丰富
传统建筑多元
民风热情淳朴
流传故事动人
地方美食特色

机遇
乡村旅游热潮

打造旅游村庄

村民的"家园"？
游客的"度假村"？

"村民生活着的村庄"
"有温度的民俗"
"有灵魂的乡村旅游"

面临

产业　产业融合度低　收益　村民参与性低无实质性收益

设施　服务设施不足　活动　村民生活与游客活动的脱节

资源　资源利用不足　生态　旅游开发对生态环境的影响

要求

策略推动

共享

共享产业　共享设施　共享资源

推动

功能置入

激活

山谷氧吧，养生民宿　传统街巷，村落记忆

石器技艺，文化传承　红色石臼，革命记忆　户外运动，山林探险

共享产业

村民个体经营　村群管委会

线上　线下　农产品 新零售平台

自家货　云供应链　联建货

供应链

领导成立，继续维护　组织引导，孵化培训　生态维育，立项管控　网络宣传，客户维护

精品民宿 线上线下订购

公共卫生间分布

共享设施

村民　参与 公厕 使用　游客

村民　参与 公厕 使用　村民

公共卫生间分布

共享资源

山体　理念引入　策略创新　河道

挂网植被修复技术　攀岩植物修复技术　生态植物修复技术　微生物修复技术　水质监测站

生态科学性　景观艺术性　经济适用性

生态共享

现状特色庭器

产业策划　活动策划

弱有所扶收益占15%
劳有所得收益占25%
老有所养收益占15%
社会治理收益占30%
环境保护收益占10%

村集体收入

劳模奖励　养老　修郑村路　植树造林

农事活动　军事基地　山水景观　传统聚落

市场分析

1) 来蓟客源构成 京津为主

2) 来蓟游客年龄结构 中青年为主 18-25岁

3) 来蓟游客出行方式 自驾为主

北京　天津

一级旅游市场

唐山　秦皇岛　廊坊　承德

二级旅游市场

沧州　保定　石家庄　张家口　衡水　那合　邯郸

三级旅游市场

蓟州的现有旅游市场并不能为来蓟旅客提供高水平消费服务。

承德　张家口　北京　唐山　秦皇岛　保定　天津　廊坊市　石家庄　沧州　邢台市　衡水　邯郸

目标人群——散客化时代

33% 43% 47% 55%
2010 2013 2015 2017

运动爱好者　摄影爱好者　文艺爱好者　职场休闲人群　亲子家庭

逸景养生石村
精品特色野奢

山村生活体验
原始乡愁记忆

生态系统基地
文旅景观特色

逸享山居

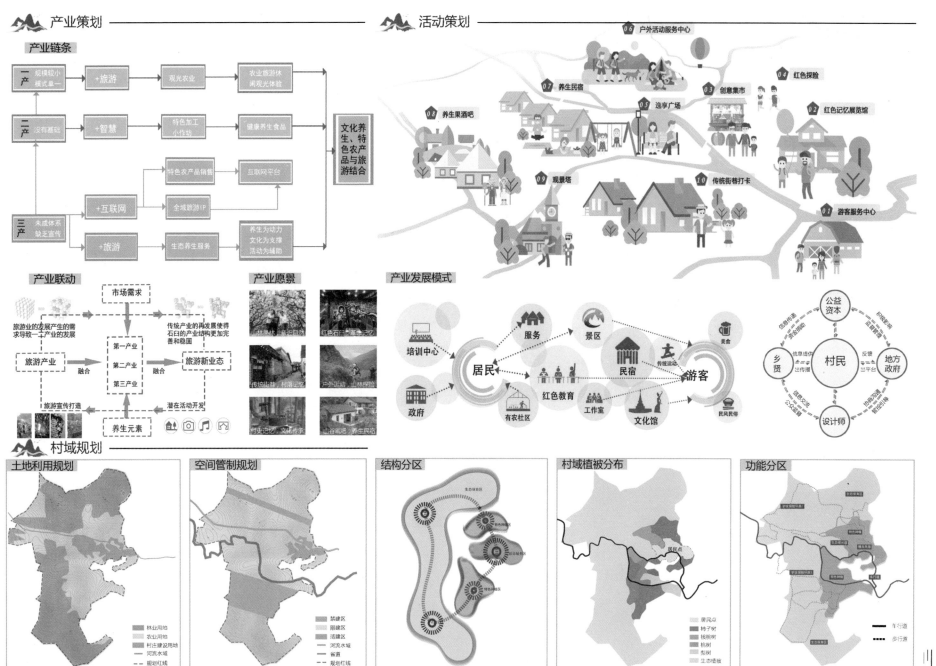

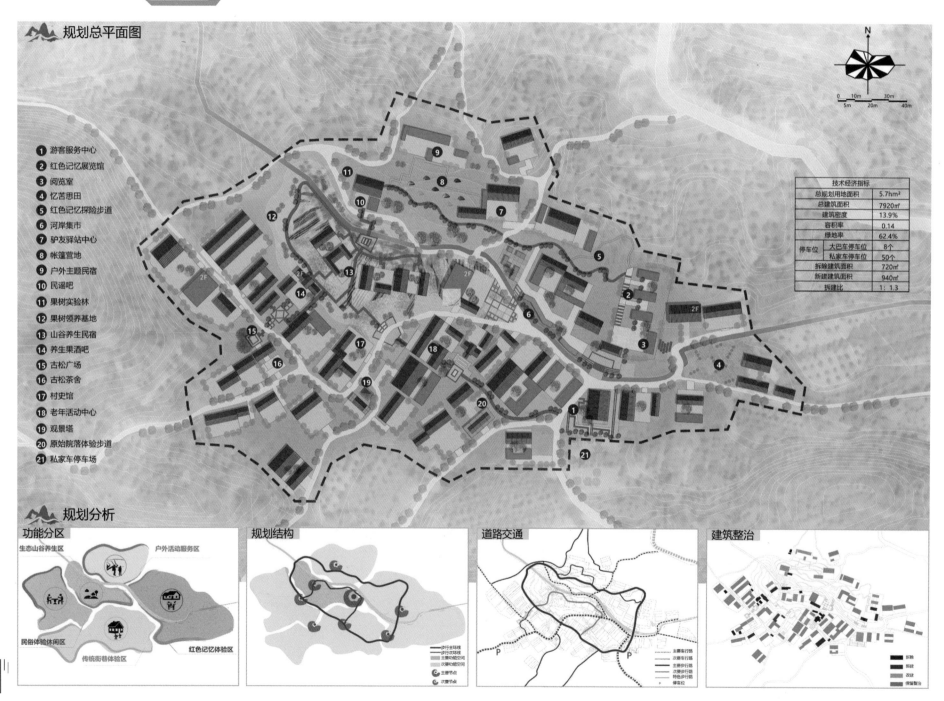

规划总平面图

① 游客服务中心
② 红色记忆展览馆
③ 阅览室
④ 忆苦思甜
⑤ 红色记忆探险步道
⑥ 河岸集市
⑦ 驴友驿站中心
⑧ 帐篷营地
⑨ 户外主题民宿
⑩ 民谣吧
⑪ 果树实验林
⑫ 果树领养基地
⑬ 山谷养生民宿
⑭ 养生果酒吧
⑮ 古松广场
⑯ 古松茶舍
⑰ 村史馆
⑱ 老年活动中心
⑲ 观景塔
⑳ 原始院落体验步道
㉑ 私家车停车场

技术经济指标		
总规划用地面积		5.7hm²
总建筑面积		7920㎡
建筑密度		13.9%
容积率		0.14
绿地率		62.4%
停车位	大巴车停车位	8个
	私家车停车位	50个
拆除建筑面积		720㎡
新建建筑面积		940㎡
拆建比		1：1.3

规划分析

功能分区

生态山谷养生区　户外活动服务区
民俗体验休闲区　红色记忆体验区
传统街巷体验区

规划结构

步行主环线
步行次环线
主要功能空间
次要功能空间
主要节点
次要节点

道路交通

主要车行路
次要车行路
主要步行路
次要步行路
停车位

建筑整治

拆除
拆建
改造
保留整治

鸟瞰图

青山郭外斜
绿树村边合
邀我至田家
故人具鸡黍

露天营地

素食餐厅

养生禅修

石器展览广场

创意集市

艺术写生

交流广场

01 游客服务中心	02 红色记忆民宿	03 红色记忆展览馆	04 创意集市	05 驴友服务驿站	06 户外主题民宿	07 帐篷营地
08 养生民宿	09 养生果酒吧	10 茶馆	11 村史馆	12 观景台	13 石器展览广场	14 传统街巷

节点设计

逸享广场

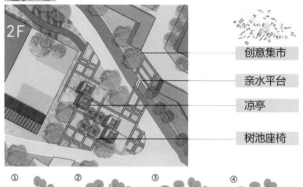

2F

- 创意集市
- 亲水平台
- 凉亭
- 树池座椅

① 举办活动　② 休闲小憩　③ 农耕展示　④ 儿童娱乐

设计以棋盘式布置广场，创造多种活动空间，满足不同人群。

丰收广场、游客服务中心广场

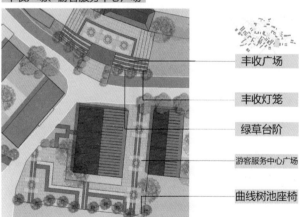

- 丰收广场
- 丰收灯笼
- 绿草台阶
- 游客服务中心广场
- 曲线树池座椅

设计以丰收为主题，赋予丰富的乡村文化内涵，提高村庄精神风貌。

艺术写生广场　乡音广场　树池座椅　服务中心前广场

建筑改造与风貌意象

建筑分类

年代	整治	整治措施	建筑数量
1900年代	置换	将原有建筑功能进行置换，将组团内的建筑功能进行更新优化	1
	保留整治	对青瓦、立面、构架的弹性修缮	1
1980~1990年代	拆除	将破旧违章且无居住功能的建筑进行拆除	19
	保留整治	对青瓦、立面、构架的弹性修缮。对建筑形式较为完善、建筑风貌良好的传统建筑做00年代示范建筑	51
	置换	将原有建筑功能进行置换，将组团内的建筑功能进行更新优化	17
2000年代以后	保留整治	对与传统风貌不协调的建筑整理修缮，主要是立面改造。对建筑形式较为完善、建筑风貌良好的传统建筑做00年代示范建筑	6
	置换	将原有建筑功能进行置换，将组团内的建筑功能进行更新优化	2
	新建	对传统建筑元素提取，结合现代元素，新建养生民宿灯，打造一个更符合新时代下的传统民居	11

建筑整治

修　2户　1900年代

整　36户　1980~1990年代

仿　7户　2000年代后

茶社整治

建筑色彩

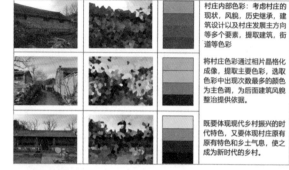

村庄内部色彩：考虑村庄的现状、风貌、历史继承、建筑设计以及村庄发展主方向等多个要素，提取建筑、街道等色彩。

将村庄色彩通过相片晶格化成像，提取主要色彩，选取色彩中出现次数最多的颜色为主色调，为后面建筑风貌整治提供依据。

既要体现现代乡村振兴的时代特色，又要体现村庄原有原有特色和乡土气息，使之成为新时代的乡村。

建筑结构材料

木构架　　　填充物　　　整体构架

房屋结构以木柱托梁架檩支撑椽条和轻瓦屋顶，屋顶多是人字形。　墙体有青砖墙、生砖墙、石墙及夯土墙。低窗台，大玻璃，屋内光线充足。　为华北平原汉族传统民居建筑，多数是平房。

村庄入口整治

道路整治

道路整治

新建若干条宽度 2m 道路,加强村庄与外部的联系,以及新增组团的交通可达性。

拓宽主要车行道至 4m,串联整个地区。

修复次要道路和其他小路,修复至 2.5m。

—— 新建道路
—— 拓宽道路
—— 修复道路

停车设施整治

在省道与入村路路口布点规划集中大巴停车场,在村口布点规划私家车停车场。

村民在不影响出行、不占用河道、不砍伐树木的前提下,分散利用零碎场地停车。

私家车停车场
大巴车停车场
零碎场地停车

综合利用

雨水污水净化系统

植物塘床系统　沉淀池　水草池　氧气池

通过塘床大的植物层层过滤,最终排入水塘
净化后进行初步沉淀
将水排入带有水草的沟槽进行第一行植物精华
氧化后的水中固体被投中鱼虾吞食

池塘　植物塘床系统过滤作用　沉淀池塘　水草净化池塘　氧化池塘

沼气综合利用

废料　能源
生活废水　厕所废水　家禽废水　灌溉用水　地表水再生　取暖　照明

粪污预处理池　发酵池　沼气池

建筑单体设计

村史馆

保留原有灰瓦屋顶;门窗改造,采用全实木矿料,外涂防腐防火水漆

艺术价值　传统建筑　文化传播

养生果吧

品酒　休闲　看酒藏　观影

基础设计

养生民宿

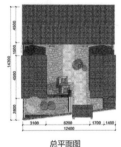

一层平面图　二层平面图

总平面图

养生民宿设计,首先提取村庄原有特色元素,进行建造,其外为凸显乡村气息,让久居都市的人们到农家乐体验农家生活、融入并体验神秘的大自然,在农家院设置菜园。

创意集市

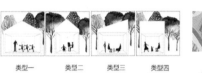

类型一　类型二　类型三　类型四
用途: 教授、活动　创意、体验　售卖　售卖、闲谈
尺寸: 4800×2700　4800×2100　4800×2400　4800×2100

养生民宿剖透

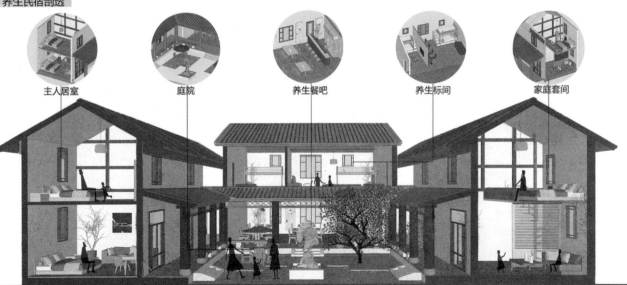

主人居室　庭院　养生餐吧　养生标间　家庭套间

景观设计

设计策略

平地

台地

坡地

滨水

台地要素处理

场地处理　种植处理　建筑形式　活动分区

自然坡道　自然种植　建筑为主体　自然坡道

分层台地　自然+规则　建筑结合场地　分层台地

台地分区　季节变化　建筑消隐　台地分区

滨水生态剖透视

滨水要素处理

■ 直立式
■ 直立式 + 亲水平台护岸
▨ 生态砌块护岸

■ 直立式

■ 直立式 + 亲水平台护岸

▨ 生态砌块护岸

保留原有直立式护岸,部分护岸底部种植植物,增加景观层次,丰富滨水景观。

在直立式护岸基础上设置亲水平台,增强滨水的可观赏性。

引入先进的生态砌块护岸做法,打破原有大面积呆板单调的直立式护岸,主要应用于主景区,丰富滨水景观。

景观小品设计

水缸

水井

廊架

石臼

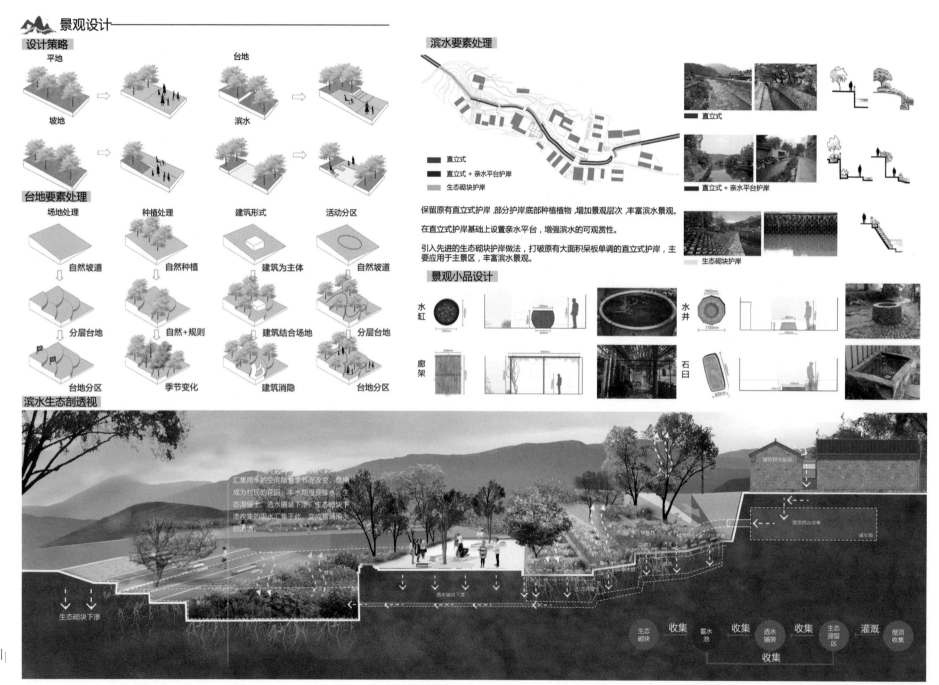

北京建筑大学

吉林建筑大学

天津城建大学

山东建筑大学

北京建筑大学

沈阳建筑大学

内蒙古工业大学

北方六校联合毕业设计的发起基于地缘接近，各学校互相促进共同发展的目的组织的。

首届北方联合毕业设计选题紧紧抓住当前乡村发展战略的契机，由天津城建大学精心挑选的有代表性的村庄作为毕业设计基地，让北方六高校师生在调研、汇报当中互相学习。

各高校提交的成果充分呈现了各校城乡规划专业人才培养的水平。

希望北方六校联合毕业设计活动一直坚持下去，通过联合指导毕业设计的过程，师生共促，拉近我国北方六校城乡规划专业人才培养水平，为促进城乡规划专业的发展作出积极的努力。

荣玥芳

时间过得飞快，2019 年年初北方规划教育联盟联合毕业设计开题，六校师生冒着严寒集体去穿芳峪镇几个村子调研的情景好像就在不久之前。大家分别从内蒙古、吉林、辽宁、山东、北京、天津齐聚一堂，相遇相识，交流教学经验，探讨乡村振兴，是联合毕业设计把不同地域的老师和同学们联系到了一起，给大家提供了一个交流共享的平台。在这里，学生的设计理念相互碰撞，设计思路得到启发，同时也促进了同学们在设计方法和表达技巧等方面的创新，六校作品各美其美，不同院校的教学特色和设计风采得以很好地呈现，令我受益良多。感谢我校团队徐星晨、张天明、刘鹤、于莹、宿荣、任俊六位同学的努力，展现了我校规划学子团结、勤奋、求实、创新的精神面貌和专业追求。感谢本届承办方天津城建大学、山东建筑大学、吉林建筑大学的精心组织。感谢五位兄弟院校老师、专家们的交流指导。最后，祝北方规划教育联盟联合毕业设计越办越好！

王　晶

走进乡村，深入乡村，了解乡村，是做好乡村规划的前提。

从第一次走进天津蓟州区石臼村，实地调研村庄各方面的基本情况；再到一次次翻看村庄资料，和村民一对一地聊天访谈；走过村庄的每一条小路，拍下每一个院落，看遍每一颗树木；乡村规划不光需要我们如医生般望闻问切，如记者般直指核心问题的犀利，更需要的是以当地村民为本，以实现乡村振兴为目标，设身处地，以村庄为自己家园的情怀。

我们渐渐了解了村民的生活，知道了村庄面临的种种问题；也看到了乡村所具备的特色资源，乡村生活内涵的文化价值和社会价值。

于 莹

能够代表北京建筑大学参与到这次北方规划教育联盟联合毕业设计，是我们的幸运。这次毕业设计的完成过程中，我们重新回顾了个人五年来的本科教育历程，尝试完成了乡村规划实践，对"城乡规划"专业有了更深的探究和思考。

从刚刚踏入校园的那一天，我们便知道自己未来五年所学的专业为城乡规划。可是五年来，大多只知"城规"，不知"乡规"。能够在最后一次毕业设计中，以乡村规划为课题为我们的本科学习画上一个句号，对我们来说具有别样的意义。

宿 荣

如何让乡村变得更美好？如何让村民的生活更如意幸福？如何让石臼这个小村庄在未来焕发新的生命力？

我们从"生产优化，生活活化，生态保育"三方面对村庄的产业、村民的生活、乡村的生态环境进行了分析并提出了适合本村的特色发展策略。

"柿子印象""柿谷骑行""精品民宿"是我们对产业的精心设计打造；"四时充美"是我们在活动策划里，对一年四季中不同时节村民和游客的互动互融公共生活的探讨；对本地独特文化和建筑风貌的传承、更新和保护，是我们以"本土精神"改造乡村生活的态度。

"柿柿如愿，各美其美"，是我们设计方案中对每一个来到石臼村的村民和游人的真挚祝福，也是我们心中美好乡村生活的蓝图。

任 俊

时间从未停止它匆忙的脚步，转眼到了大五的毕业设计，这也是我第一次参加与外校联合的项目。从最开始1月份的调研，到之后的两次汇报，让我深切地体会到了联合毕业设计的精彩，大家一起在一张白纸上绘制我们的梦想蓝图，从简单的线稿，到之后图纸、模型，一步一步将自己对于村庄未来的畅想展现在成果上，也让我们深刻地了解到中国乡村发展的无限潜力。希望在以后的学习和工作中，可以更多地将自己的梦想融入设计之中，勾画出最美好、最合理的设计方案。

徐星晨

"拼死拼活也要留在北上广，永远不再回到那个穷山恶水的小地方。"这种论调并不新鲜，年轻人渴望更广阔的世界无可厚非，但如此赤裸裸表达对家乡的轻视令我感到一种沉重的无可奈何。成功难道就意味着选择背弃故乡水土？一批又一批的传统村落划定，一个又一个的美丽乡村建设，可是年轻人还是义无反顾地离开，只剩下老人、妇女与儿童，如果这些人也走了，这个村子实际就算是死亡了。所以我们选择用平等而温情的手段，尊重每个群体的差异，尽力保护他们的家园，唤醒他们的文化情怀，挽留他们……至于那些执意要离开的人们，我们能做的再多可能也会显得苍白，如何发展以城镇生活为基础的中国现代文化时，兼顾以本土文化作为土壤的传统精神内核？甚至如何在发展中，避免因此产生区域性的利益群体？如何平等、如何心安？以我们现在的能力，大概是一个搜肠刮肚也难以解决的难题吧。

刘　鹤

你在霓虹灯下无聊，在立交桥上迷路，在柏油马路上感慨，你感慨的到底是什么？如果人需要一种归宿或容纳，那么我们大概需要两个容器，一个用来归宿肉身，一个用来容纳精神，现在看来，后者被我们搞丢了。因为过去的数十年间，我们已经不能耐心地看待城市进化，而是迫不及待地把资本眼中的落后与低效直接消灭并重建。

当你"淹没在考研的洪流中、挣扎着上班下班、地铁上刷抖音微博、结婚生子养孩子、挤双11抢红包"的时候，也偶尔想捡起梦想看看，却发现周围也只有一样麻木的人群，于是你只好继续行走在人群中，不要狡辩，这和贫富无关。

未来的城市和我们，大概率就是那个样子，有点儿不服对么？但未来已经来了。

张天明

柿柿如愿
各美其美

天津市蓟州区石臼村乡村规划设计
Rural planning and design of Shijiu in Jizhou

北京建筑大学　　学生小组：于莹　宿荣　任俊　　指导教师：王晶　荣玥芳

石臼村

产业分析

- 一产
  - 经济果林
  - 作物种植
- 三产
  - 农家乐

石臼村产业

村中经济作物以柿子为主，村南村北山上皆有种植。因缺水，粮食作物，如玉米、南瓜等种植较少。根据各果树开花结果时间，得出四月初为最佳观花点，十月初为最佳观果点。

观花　　观果

一月 二月 三月 四月 五月 六月 七月 八月 九月 十月 十一月 十二月

梨
桃
柿子
核桃
栗子
红果
玉米
南瓜

开花　　结果

柿子树　核桃树　玉米　山楂树

桃树　梨树　南瓜

①3-4月，土壤解冻之后开始翻耕土地，施肥
②5月1号左右，套袋、撒农药
③6月15日之后，柿子杏、核桃、梨开始收获并销售
④10月1日至冬至，果林景观效果达到最佳效果
⑤冬至之后，开始剪枝

- 柿子林
- 梨林
- 核桃
- 板栗林
- 生态林地

农家乐处于起步阶段，单一模式经营，村庄特色没有突显，档次较低，不够精品。

周边资源及客群分析

石臼村

机遇：
石臼村东边的资源要素较为集中，石臼有望成为穿芳峪镇西部重要发展节点。

○ 周边旅游资源
● 周边特色村落

客源构成：
京津为主，唐山秦皇岛廊坊承德

人群构成：
中青年为主
家庭出行

游客人均消费水平
中低消费为主。

出行方式：
自驾为主。

基地背景

石臼大事记

清代成村　　夜装指挥部　　基干队突围　　中医制药

起源于东井峪村城隍庙中一个焚香石炉，石炉几经辗转后，用作饮马槽，得名石臼盂，久住的几户刘姓人家独立建村，便称石臼村。
石臼村自清代建村以来，历史悠久，文化源远流长，名人轶事数不胜数。

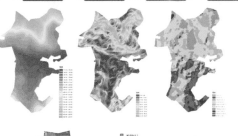

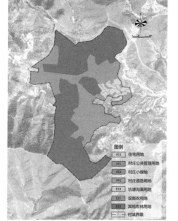

村域地形地貌
——地势西高东低，北高南低，南向坡较多，坡度适中，有利于种植经济果林。
从地形地貌看，以山地和丘陵为主，山地海拔基本在130-161m，坡度在20%-40%之间，局部有断层在70%-80%之间，得天独厚的地理优势，平坦地势和地山丘陵为小体量提供良好的建设条件。

柿柿如愿
各美其美

天津市蓟州区石臼村乡村规划设计
Rural planning and design of Shijiu in Jizhou

北京建筑大学

文化分析以及发展策略

■历史文化资源现状

物质文化：1900清代建筑 170年树龄核
非物质文化：
红色文化：石臼村曾在90年代有过红军驻扎在此，也曾发生过一些到现在还口耳相传的红色故事，村内多数老人都为老党员，亲眼见证了石臼村百年的发展与变化。
剪纸文化：对村内老人访谈得知村中曾经流行剪纸文化，但在日新月异的时代变迁中，这一传统文化已被逐渐淡化，只有几位老人仍旧保留着这一手工技艺。

■发展机遇

传承发展乡村优秀传统

弘扬山地特色文化

重塑乡村文化生态

■发展目标

延续乡村精神纽带

维系乡土情结

保护利用自然遗存

■发展策略

乡土文化
优秀的思想观念　人文精神　道德规范
融　营
现状　未来

将村庄的乡土文化特征融入现状公共空间的建设中来，进而改善目前乡村建设中"千村一面"的现象，营造公共空间，包括物质要素与非物质要素，来培育乡土精神。

村庄院落肌理成"川"字状，临水而居。肌理走向与水形相近，而水则依地势而走。而本次规划将继续延续乡村自然形成的发展肌理。

清代1900年院落

1980-2000年院落

2000年以后院落

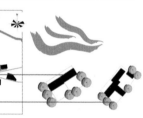

石臼村居民宅基地面积400—500平方米，建设面积100—300平方米。宅基地面积过大。在日照良好的条件下，在同宅基地前院增加建设用房，满足需要。

柿柿如愿
各美其美

天津市蓟州区石臼村乡村规划设计
Rural planning and design of Shijiu in Jizhou

北京建筑大学

总平面图

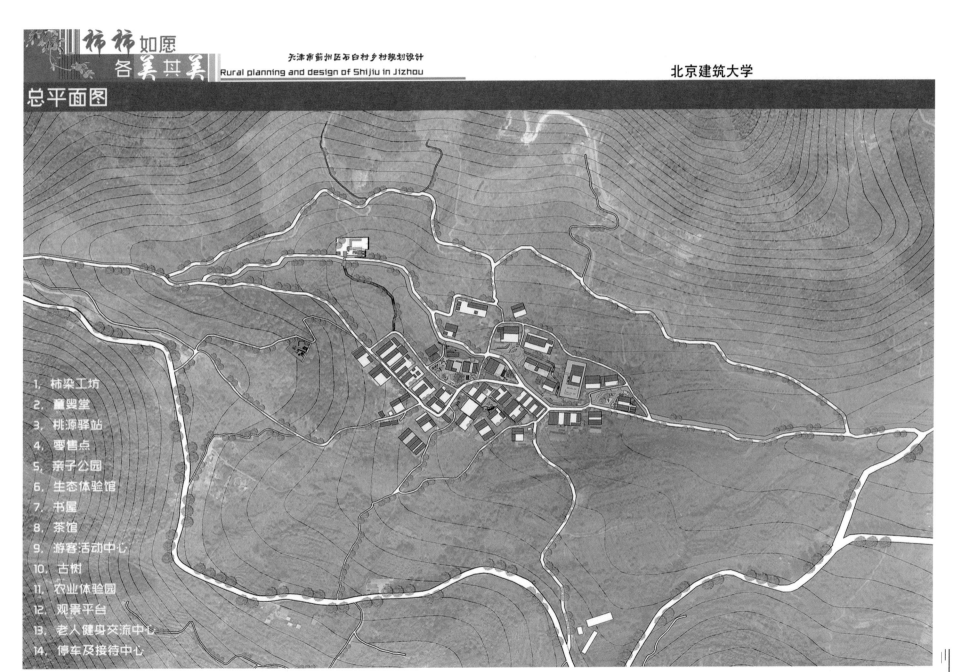

1. 柿染工坊
2. 童婴堂
3. 桃源驿站
4. 零售点
5. 亲子公园
6. 生态体验馆
7. 书屋
8. 茶馆
9. 游客活动中心
10. 古树
11. 农业体验园
12. 观景平台
13. 老人健身交流中心
14. 停车及接待中心

柿柿如愿
各美其美

天津市蓟州区石臼村乡村规划设计
Rural planning and design of Shijiu in Jizhou

北京建筑大学

鸟瞰图

一柿叶翻黄枫叶红，一江渔起芦花风，墙头累累柿子黄，人家秋获争登场

生产优化

■整体发展策略

Step1:修整建筑,完善民宿　　**Step2:挖掘资源，产业重塑**　　**Step3:融入区域、各美其美**

修整建筑——制定导则指导建设
村民培训——打造适宜服务品质

挖掘特色资源——柿林、农田、山地景观、古建筑、古树、古院落
塑造品牌——强化竞争优势

融入周边发展大格局——实现错位发展
在竞争与合作中实现共赢——各美其美，美美与共

构建社区居民精神原点，统一大家的价值

产业重塑——依托柿子种植的休闲农业体验

发展民宿——增加村民收入保护老建筑

■策略1柿子印象

□ 柿子印象

Why? → 精品民宿（特产 主要作物 土壤地形）

上位规划给石臼村的定位为**精品民宿**

石臼村周边旅游资源较多，可带来丰富的客源机遇

石臼村自身景色优美，环境质量较好

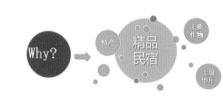

□ "柿子印象"——柿染工坊

"柿染"

又被称为太阳之染，"柿染"工艺是草木染工艺的一种。

□ 尚未成熟的青涩小柿子	
□ 柿子叶	
□ 青柿子手绘	

 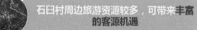

 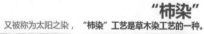

柿柿如愿
各美其美

天津市蓟州区石臼村乡村规划设计
Rural planning and design of Shijiu in Jizhou

北京建筑大学

生产优化

■策略1 柿子印象

□ "柿子印象" —— "柿"事体验 /柿子茶馆/ "柿"觉艺术

"柿"事体验

层林尽染，百果飘香
家庭一起出游，采摘柿子。
亲近大自然的同时体验丰收喜悦和农事乐趣
让游客在本村完成柿子采摘、吃柿果、做柿饼、酿柿酒、
画柿画、柿染手作等**全过程体验活动。**

"柿"觉艺术

画家在本村设立视觉艺术体验馆，
小朋友、大学生、中老年人年人都可
以在这里体验学习各种绘画手法、
动手制作的乐趣，找到自己喜欢的
"柿觉"艺术。

柿子茶馆

采摘新鲜柿叶进行晾晒加工冲泡
也可收集秋季落叶晾晒碾末冲泡

农业生产	文创设计	生产制造	市场销售
柿子种植、采摘	产品设计	"柿染"工艺	打造品牌、市场开拓、物流

3-4月份，土壤解冻之后开始翻耕土地，施肥。
套袋、撒农药、剪枝，10月前后采摘，精耕细作、久久为功

游客和本地居民都可参与到柿染工艺周边产品的设计，由此可以衍生文创产业

农业生产与家庭手工业结合，在柿染工坊完成柿子榨汁、印染、晾晒、裁剪、缝纫等工序

柿染最终产品可以销售给旅游消费人群或者销往蓟州区乃至京津冀地区

采摘园
视觉艺术体验馆
柿子茶馆
柿染工坊

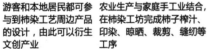

柿染工坊　　视觉体验中心　　茶馆

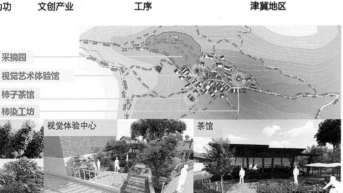

■策略2 柿谷骑行

骑行绿道

山谷，闲适于疏风拂面
石村，相衬于古朴嫣红
骑行，极限中融于自然

上位规划中提出打造慢行交通，并且已经完成

石臼作为山区村，可借助其独特的地形地貌条件，注入新业态，实现弯道超车

周边村落并未形成具有体系和规模的骑行路线，石臼可以抓住机遇打造自身引力点，吸引周边客群

项目案例分析1-CASE STUDY
洱海自行车环道
国内著名环湖自行车骑行目的地，总长约112km，利用洱海周边整体旅游资源拓展骑行目的地的体验性，链接村落、寺庙、古迹和生态湿地。
借鉴内容：充分整合周边资源、实现景观节点串联。

项目案例分析2-CASE STUDY
新西兰基督城MT CASHMERE 自行车环道
始建于1960年代，为新西兰南岛坎特伯雷地区著名骑行目的地，设计的特色在于有效利用了地形，形成丰富的山地骑行体验。同时将视线管理融入了车道选线中，使车道拥有一侧观太平洋，另一侧看南阿尔卑斯雪山的美好景致。

1.适宜性条件分析
地质地貌，坡度概况：
石臼村位于马平公路北侧，村庄建筑物集中在山谷及阶地之上，评估区高程 130～415m，整体南北高中部低，西高东低。
因村民修路及建房开挖山坡坡脚，局部存在陡坡，坡面岩石破碎。

坡度：
村庄现村台西南侧山体坡度 30°，村北缓坡小于 10°，往北坡度 17～29.5°，村台东西向坡度 2.3°

2.视觉和地形优势分析
通过对场地现有柿林、农田位置的分析以及结合地形，我们得出柿林风光以及生态农业斑块对我们车道选线的重要指导作用

生态森林斑块
果林农田种植斑块

1.游线系统

线路可部分设在已有公路路幅，在环线内设置标准2.4m宽的骑行专用道。
电瓶车山谷休闲绿环
谷地绿道骑行线

2.结合地形坡度确定视觉优势段

游客可驻足观赏柿林风光、游戏、摄影等。

柿柿如愿
各美其美

天津市蓟州区石臼村乡村规划设计
Rural planning and design of Shijiu in Jizhou

生产优化

■ 策略2 柿谷骑行

□ 柿谷骑行

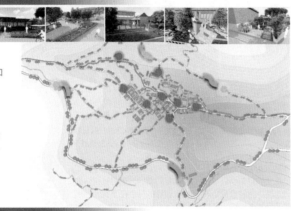

丰富谷地景观

丰富谷地景观：主要将公共空间和景观绿地融入骑行线路中

坡道特色节点

结合**视觉优势段**和**谷地景观段**设置观光台和休闲驿站，提供给人群休息娱乐的场所

■ 策略3 精品民宿

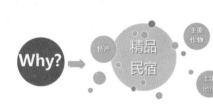

Why? → 精品民宿 ← 特产 / 主要作物 / 土壤地形

上位规划给石臼村的定位为**精品民宿**

石臼村周边旅游资源较多，可带来丰富的客源机遇

石臼村自身景色优美，环境质量较好。

除了集中提供住宿式驿站外，还要积极开发当地民宿

传统居住院落＋旅社＝当地民宿

 亲子民宿

 精品民宿

亲子民宿地形丰富，满足儿童攀爬天性，临近农事体验区，家庭体验乐趣无穷。

精品民宿距离各个节点较近，服务设施齐全，交通较为便利，满足游客日常生活需求。

□ 亲子民宿——肌理延续

道路联通，利用高差布置游乐设施；
院落整理，建立民宿片区公共空间。

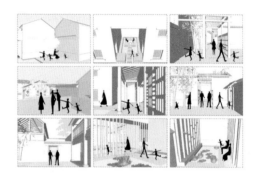

□ 精品民宿——肌理延续

杂房拆除，打通空间；
院落整理，建立民宿片区公共空间。

□ 营收分析、人员聘用

主要以"一价全包"模式售卖"深度体验游"度假产品。人均消费约为300元。
村民主要依靠转租自家房屋、自家柿子林获取租金收益，预计户均年收入增加至4-5万元。
其中负责民宿接待、打扫、柿子采摘酿造活动引导的20人由村民部分参与，再外聘一些专业服务人员。

人员聘用		
柿子工坊	5人	
柿觉艺术体验导师	2人	
柿子采摘、柿酒酿造引导员	5人	
民宿接待和打扫，餐饮服务等后勤人员	13人	
合计	25人	

营收分析		
日接待客户	15人	30人
床位	25张	50张
预计停留时日	2.0天	2.5天
年接待客户	5500人/年	10000人/年
全村整体收入	100万/年	300万

天津市蓟州区石臼村乡村规划设计
Rural planning and design of Shijiu in Jizhou

北京建筑大学

生活活化

逻辑框架

融入社群
链接社群

现状问题总结	规划理念	规划策略	空间落实
人口	规划理念	开发策略	交通
巷道路况			公共空间
公共服务			公共服务
基础设施			基础设施

规划策略——开发策略

历史空间的留存　　宁静的乡村氛围　　潜力空间的新生

小规模渐进式改造

保护为主的原生聚落式乡村生活　　活力注入的完善产业体系

现状问题梳理

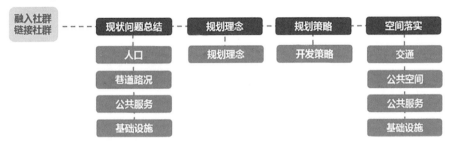

人口现状

人口构成：自然户45户；人口150人；常驻人口100人；

年龄构成：60岁左右为主，儿女进城务工。

公共服务

村里只有一处村行政办公用地，缺乏教育、文娱、医疗、商业设施。

基础设施

村内无统一给水管网；
无燃气管线敷设，村民一般烧煤烧柴；
村内垃圾收集点较少，无公厕。

巷道路况　　空闲可利用宅基地

主要道路水泥路
次要道路土路

交通

拓宽主要道路、打通断头路，使其联通马平公路和主要盘山道路。

在进村主要道路设置一处停车场
在主要线路交汇处设置一处自行车停车场

在主要入口处增设一处回车场，供往来车辆掉头

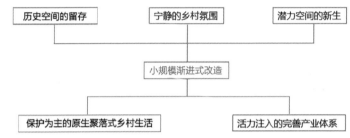

村内主要道路

公共服务、基础设施

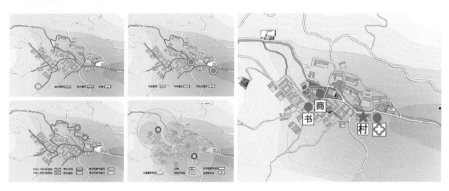

规划理念

保护原生魅力	注入新生动力	内与外的和谐共融
传统民居建筑格局保存完整	传统民居废弃，缺乏新生与活力	村内原真生活
部分巷道乡村风貌保存良好	服务体系有待完善	↕
可开发的潜力空间数量较多	环境有待改善	村外现代生活

柿柿如愿
各美其美

天津市蓟州区石臼村乡村规划设计
Rural planning and design of Shijiu in Jizhou

北京建筑大学

生态保育

□ 逻辑框架

景观现状梳理 → 景观设计理念 → 宏观景观设计 → 中观景观设计 → 微观景观设计

河流
林地
种植
庭院
街巷

前期问题梳理 — 融衍 — 景观设计理念

河流片区设计　细部设计

□ 景观现状梳理、景观设计理念

河道硬化
生态破坏

气候变化
水量减少

农田单一
土质硬化

资源闲置
缺乏利用

绿化杂乱
水渠污染

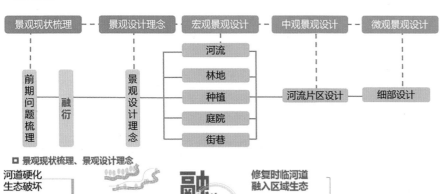

融生态
衍生态

修复时临河道
融入区域生态

引入生态绿地
构建生态循环

串联村落资源
构建生态廊道

整治村内环境
构建活力乡村

低影响
原生活

现状问题总结　　解决问题策略　　设计理念

□ 微观景观设计

庭院露天种植

作用：
1 满足交通、采光、日照、通风，调节院内"小气候"，夏季降温通风，冬季阻挡风沙。

2 庭院种植不同种类的蔬果，满足自身需求的同时，拥有较好的庭院景观。

3 垂直绿化，美化街景，增强内外景观互动性。

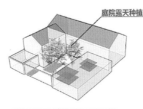

□ 宏观景观设计　　　　　沟渠

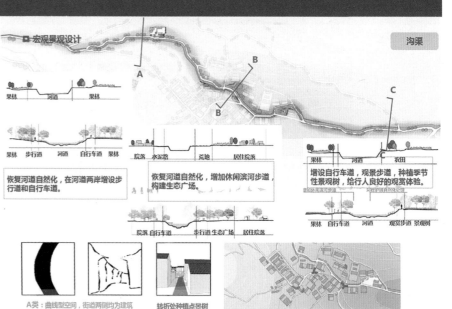

果林　河道　果林

恢复河道自然化，在河道两岸增设步行道和自行车道。

恢复河道自然化，增加休闲滨河步道，构建生态广场。

增设自行车道，观景步道，种植季节性景观树，给行人良好的观赏体验。

A类：曲线型空间，街道两侧均为建筑　转折处种植点景树

B类：高差型空间，由于地势变化而形成的　丰富建筑立面

C类：丁字形空间，由于防御或高差形成的　对景空间打造

□ 中观景观设计　　　　　河流片区设计

打造沿河游步道、骑行路线和生活广场等，使村民游客共享游水乐趣。

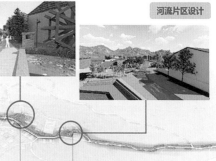

沿河步行道　沿河自行车道　步行驿站　生态广场　沿河生活广场

柿柿如愿 各美其美

天津市蓟州区石臼村乡村规划设计
Rural planning and design of Shijiu in Jizhou

北京建筑大学

活动策划 四时充美

■ 现状建筑梳理

1 春

□ 游客出行意向

游客出行意愿季节性分布特征

住民宿
农事体验
养生步道
山谷骑行

春季（3、4、5月）：

5月会达到一个高峰（五一劳动节）

旅游人口较淡季有所上涨，但是有限

□ 生活互融

春季：3月4月5月

通过活动策划使二者公共生活互融：

游客骑行步行可看到柿子林及村民耕种景象

村民可指导游客进行农事体验

村民可在驿站为游客讲述石臼历史故事

在植树节策划果树种植活动

广场

驿站

驿站

2 夏

□ 游客出行意向

游客出行意愿季节性分布特征

视觉艺术馆
书屋
童叟堂

夏季（6、7、8月）：

因为暑假的原因会达到一个小高峰

旅游人口上涨较多

因夏季炎热，游客大多前来避暑

生活互融

夏季：6、7、8月

通过活动策划使二者公共生活互融：

指导游客进行文创产品的设计制作

租赁售卖画板颜料等工具

在童叟堂开设红色文化宣讲课程以及剪纸课程

策划端午节烧艾、包粽子等活动

视觉体验中心

书屋

童叟堂

3 秋

□ 游客出行意向

游客出行意愿季节性分布特征

采摘
柿染体验
柿子茶馆
特产购买

秋季（9、10、11月）：

旅游人口达到旺季水平

秋高气爽，作物丰收，游客到石臼村采摘、柿染体验，特产购买

4 冬

□ 村民生活轨迹

游客出行意愿季节性分布特征

冬季（12、1、2月）：

旅游淡季，基本无游客

村民冬季剪枝烧柴，是四季闲暇最多的一个季节。子女通常回家过年，沉浸在过年氛围中。

团聚　休闲

生活广场

茶馆

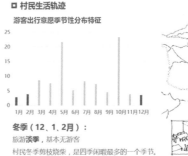

柿柿如愿
各美其美

天津市蓟州区石臼村乡村规划设计
Rural planning and design of Shijiu in Jizhou

北京建筑大学

文化遗存
■主要任务

- 传统民居建筑格局保存完整
- 部分巷道乡村风貌保存良好

保护原生魅力
延续老村传统风貌

注入新生动力
协调村庄未来发展
- 为传统民居注入新生与活力
- 整体风貌协调
- 打造乡村特色

- 原真记忆延续
- 现代气息融入

新旧融合
和谐共生

——古树：村内有至少十余处百年老树
——古宅：村内有一处三间房建于清代，现无人居住，无历史传说
——古井：村内西部有一口古井，井深12米，井壁直径2米，为当时三间房村、青山村、石臼村提供水源，被这三个村称为"感恩井"
——历史故事：曾发生过一次小战役，现在的村内主要道路为当时日本人修建

STEP1 划定保护范围
STEP1 建筑修缮和改造
STEP1 整理现状

STEP2 结合周边开放空间
STEP2 结合周边开放空间
STEP2 结合周边开放空间

STEP3 重塑文化遗产价值
STEP3 注入新时代需求
STEP3 引入传统活动

BEFORE 民俗活动特色鲜明
BEFORE 活动丰富多彩
BEFORE 结合旅游活动

NOW 活动渐渐没落
NOW 参与人数渐渐减少
NOW 结合日常生活

AFTER 复兴传统民俗活动
AFTER 唤醒传统文化记忆
AFTER 结合特色文化

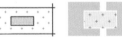

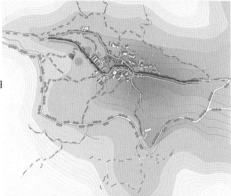
文化标识点 ● 文化遗存路线 —— 文化发展结构

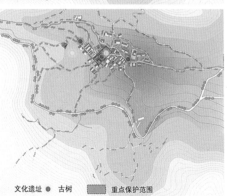
文化遗址 ● 古树　重点保护范围

风貌控制
■现状材质梳理

地面铺装　围墙材质　建筑立面　屋顶材质　传统　现代

■风貌控制

建筑　色块转化　颜色提取

天津市蓟州区石臼村乡村规划设计
Rural planning and design of Shijiu in Jizhou

北京建筑大学

建筑改造

■现状建筑梳理

序号	层数	年代	状态	改造意向	序号	层数	年代	状态	改造意向
01	1	20世纪80-90年代	居住		18	1	20世纪80-90年代	居住	
02	1	20世纪80-90年代	居住		19	1	20世纪80-90年代	居住	
03	1	20世纪80-90年代	居住		20	1	2000年以后	村委会	
04	2	20世纪80-90年代	居住		21	1	2000年以后	居住	
05	1	20世纪70年代	居住		22	1	20世纪80-90年代	居住	
06	1	20世纪70年代	居住		23	1	20世纪80-90年代	居住	
07	1	20世纪70年代	居住		24	2	20世纪80-90年代	农家乐	民宿
08	1	20世纪80-90年代	闲置	正在改建	25	2	2000年以后	农家乐	功能置入，柿染工坊
09	1	20世纪80-90年代	居住		26	1	20世纪80-90年代	居住	改造，功能置入，童婴堂
10	1	20世纪80-90年代	居住		27	1	20世纪80-90年代	居住	
11	1	20世纪80-90年代	居住	改造，功能置入柿子茶馆	28	1	20世纪80-90年代	居住	
12	1	清代	闲置	改造书屋	29	1	20世纪80-90年代	居住	
13	1	20世纪80-90年代	居住	改造，功能置入，零售点	30	2	2000年以后	居住	
14	1	20世纪80-90年代	居住		31	1	20世纪80-90年代	居住	
15	1	2000年以后	居住		32	1	20世纪80-90年代	闲置	工具用房
16	2	2000年以后	居住	功能置入，驿站（桃源旅行社）	33	1	20世纪80-90年代	闲置	改造为农业体验馆
17	1	20世纪80-90年代	居住		34	1	20世纪80-90年代	闲置	
					35	1	20世纪80-90年代	闲置	

居住建筑　闲置宅基地　农家乐　公共建筑

多层新建院落

建筑风貌：传统建筑多为红砖、混凝土结构，新建建筑为青砖
建筑分类：现状建筑可分为居住建筑、闲置宅基地、农家乐、公共建筑四类

闲置坍塌建筑

传统居住院落

新建居住院落

原生活

低影响

渐进式

柿柿如愿
各美其美

天津市蓟州区石臼村乡村规划设计
Rural planning and design of Shijiu in Jizhou

北京建筑大学

建筑改造

■建筑院落改造策略

闲置坍塌院落

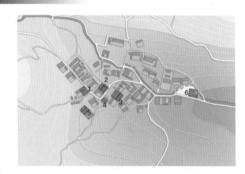

传统居住院落

传统居住院落 + 旅社 = 当地民宿

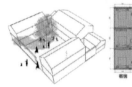
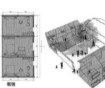

闲置坍塌院落

闲置坍塌院落 + 绿化景观与公共空间 = 共享空间

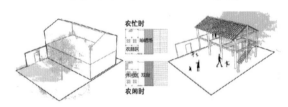

农忙时

农闲时

闲置院落5

闲置院落4

多层新建院落

传统居住院落

新建多层居住院落 + 功能体块 = 多功能复合院落

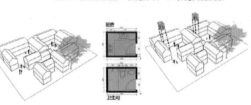

东井峪村

归家有道，心安吾乡
——天津市蓟州区东井峪村乡村规划设计

学校：北京建筑大学
指导教师：王晶、荣玥芳
设计团队：徐星晨、刘鹤、张天明

■ 研究方法

研究框架

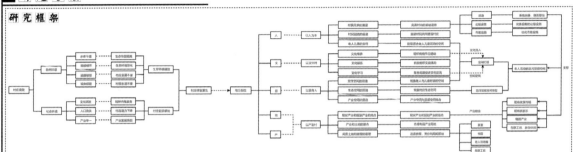

■ 基本信息

历史沿革

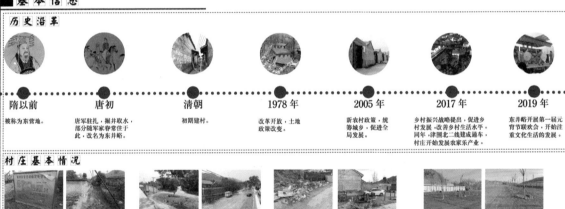

隋以前	唐初	清朝	1978年	2005年	2017年	2019年
被称为东营地。	唐军驻扎，掘井取水，部分随军家眷常住于此，改名为东井峪。	初期建村。	改革开放，土地政策改变。	新农村政策，统筹城乡，促进全局发展。	乡村振兴战略提出，促进乡村发展，改善乡村生活水平。同年，津围北二线建成通车，村庄开始发展农家乐产业。	东井峪开展第一届元宵节联欢会，开始注重文化生活的发展。

村庄基本情况

■ 村民需求分析

历史沿革

人口结构　出行方式　出行时间　家庭月收入情况　村民房屋需求

■ 现状分析

周边村庄发展现状

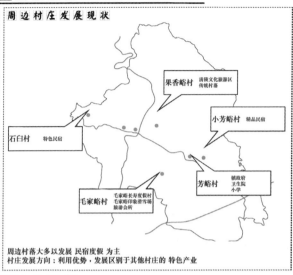

果香峪村　清陵文化旅游区　传统村落

小芳峪村　精品民宿

石臼村　特色民宿

芳峪村　镇政府　卫生院　小学

毛家峪村　毛家峪长寿度假村　毛家峪印象滑雪场　旅游会所

周边村落大多以发展 民宿度假 为主
村庄发展方向：利用优势，发展区别于其他村庄的 特色产业

■ 区位分析

蓟州区　穿芳峪镇　东井峪村

蓟州区，隶属于天津市，位于天津市最北部，地处京、津、唐、承四市之腹心。

位于蓟州区境内东北部。东西宽6.7千米，南北长7.8千米，面积52.2平方千米。人口1.5万余人。辖26个行政村。镇政府驻穿芳峪村，距县城15千米。

东井峪村位于天津市蓟州区穿芳峪镇；S301省道（马平路）与津围北二线交叉口处西北角。

■ 上位规划

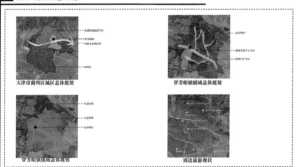

天津市蓟州区城区总体规划　　穿芳峪镇镇域总体规划

穿芳峪镇镇域总体规划　　周边旅游现状

现状分析

村庄现状问题归纳

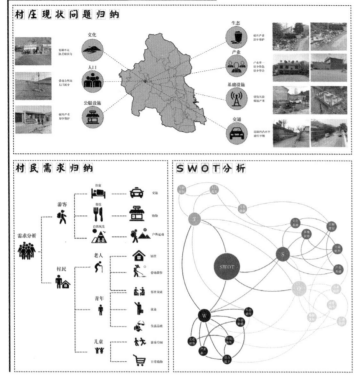

村民需求归纳

SWOT分析

发展方向归纳

村民需求归纳

空间

场地

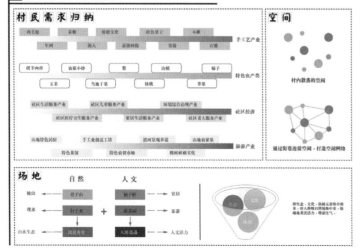

学校：北京建筑大学
指导教师：王晶、荣玥芳
设计团队：徐星晨、刘鹤、张天明

归家有道，心安吾乡
——天津市蓟州区东井峪村乡村规划设计

"三留"人员

留守老人、留守儿童、留守妇女

营建方式

活动行为分析

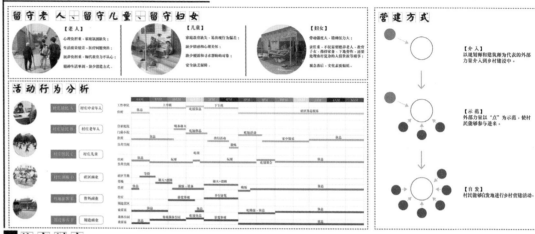

地方创生

什么是地方创生？

其定义为居住在同一地理范围的居民，以集体行动共同面对农村生活问题，结合地理特色和人文风情，发展最适合自身的产业。进而引导青年返乡创业，激发地方发展动能。

为何引入地方创生？

通过村庄创生的理念挖掘适合东井峪村的生活模式和特色的乡村产业，吸引外出中青年返乡创业，从而共同建设乡村家园，给乡村带来生机。

地方创生可以解决什么？

村内"三留"人群：缺少陪伴，彼此之间缺少沟通交流的问题；
返乡人群：创业无门，收入较低；
游客：缺少吸引力，没有良好的乡村旅游体验。

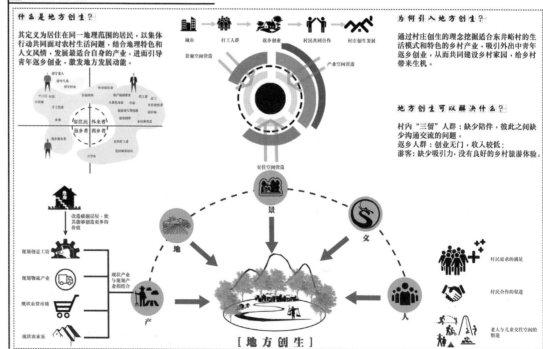

[地方创生]

归家有道，心安吾乡
——天津市蓟州区东井峪村乡村规划设计

学校：北京建筑大学
指导教师：王晶、荣玥芳
设计团队：徐星晨、刘鹤、张天明

■ 汇水分析

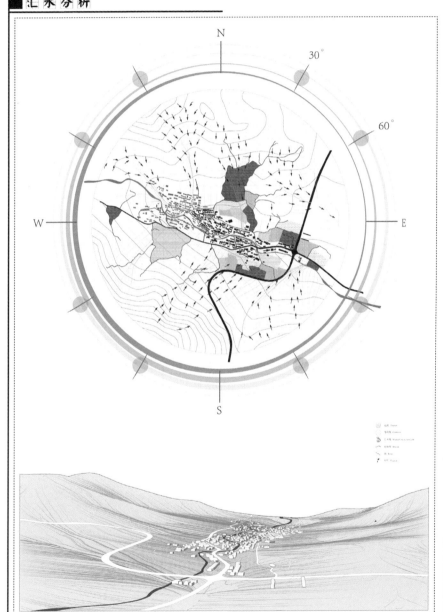

■ 地形分析

场地切片

地形信息

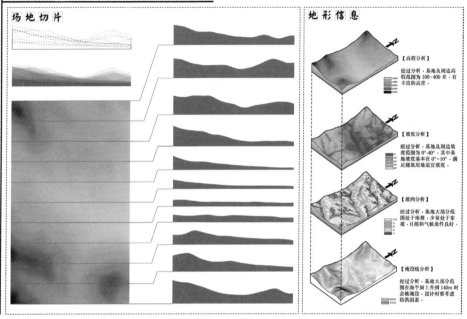

【高程分析】
经过分析，基地及周边高程范围为100~400米，有丰富的高差。

【坡度分析】
经过分析，基地及周边坡度范围为0°~40°，其中基地被坡度基本在0°~10°，满足建筑用地适宜坡度。

【坡向分析】
经过分析，基地大部分范围处于南坡，少量处于东坡，日照和气候条件良好。

【淹没线分析】
经过分析，基地大部分范围在海平面上升到140m时会被淹没，设计时要考虑防洪因素。

■ 生态分析

生态组团

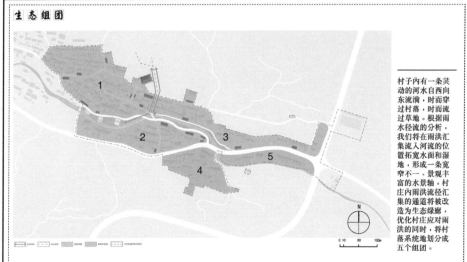

村子内有一条灵动的河水自西向东流淌，时面穿过村落，时面流过草地。根据雨水径流的分析，我们将在雨洪汇集流入河流的位置拓宽水面和湿地，形成一条宽窄不一、景观丰富的水景轴。村庄内雨洪流径汇集的通道将被改造为生态绿廊，优化村庄应对雨洪的同时，将村落系统地划分成五个组团。

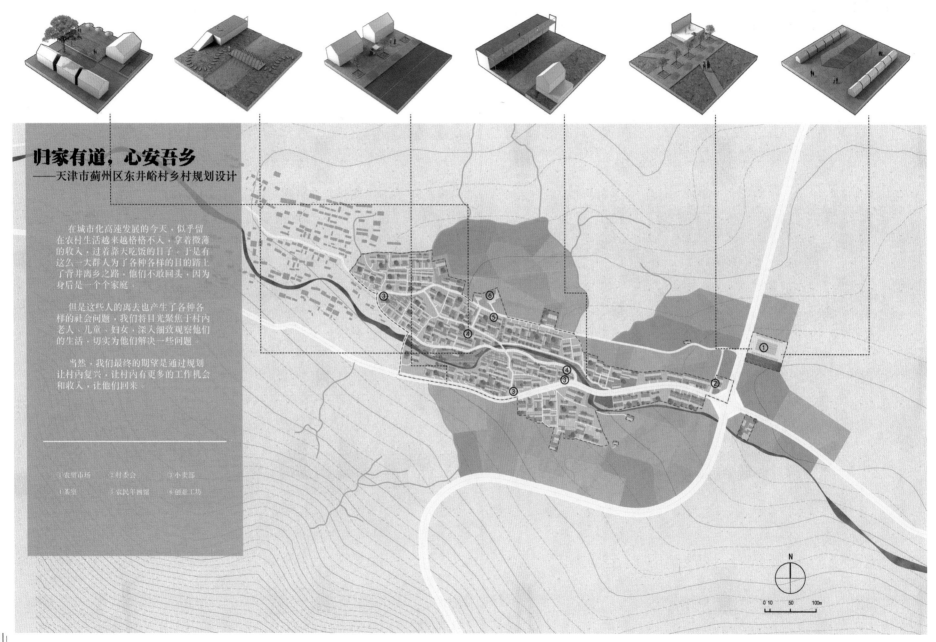

归家有道，心安吾乡
——天津市蓟州区东井峪村乡村规划设计

在城市化高速发展的今天，似乎留在农村生活越来越格格不入，拿着微薄的收入，过着靠天吃饭的日子。于是有这么一大群人为了各种各样的目的踏上了背井离乡之路，他们不敢回头，因为身后是一个个家庭。

但是这些人的离去也产生了各种各样的社会问题，我们将目光聚焦于村内老人、儿童、妇女，深入细致观察他们的生活，切实为他们解决一些问题。

当然，我们最终的期望是通过规划让村内复兴，让村内有更多的工作机会和收入，让他们回来。

①农贸市场 ②村委会 ③小卖部
④茶室 ⑤农民年画馆 ⑥创意工坊

归家有道，心安吾乡
——天津市蓟州区东井峪村乡村规划设计

学校：北京建筑大学
指导教师：王晶、荣玥芳
设计团队：徐星晨、刘鹤、张天明

■ 全年风玫瑰

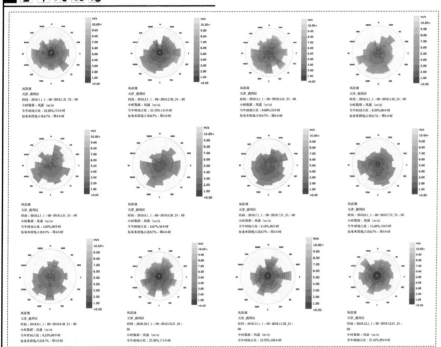

■ 焓湿图

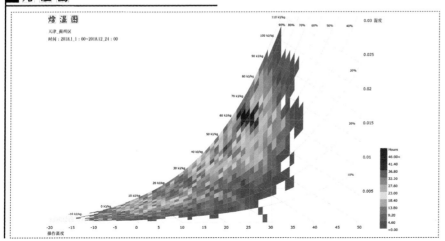

■ 气候分析

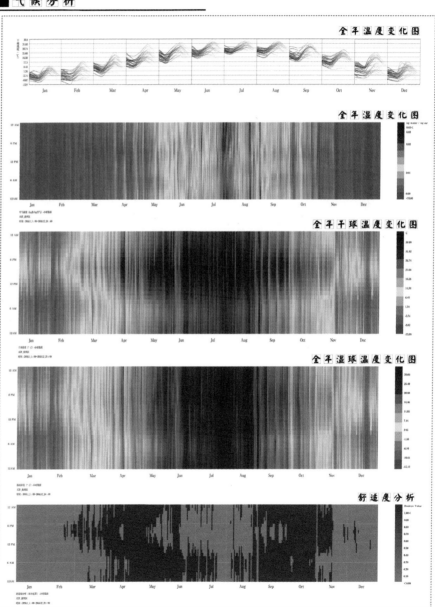

■ 四 季 活 动 分 析

学校：北京建筑大学
指导教师：王晶、荣玥芳
设计团队：徐星晨、刘鹤、张天明

归家有道，心安吾乡
——天津市蓟州区东井峪村乡村规划设计

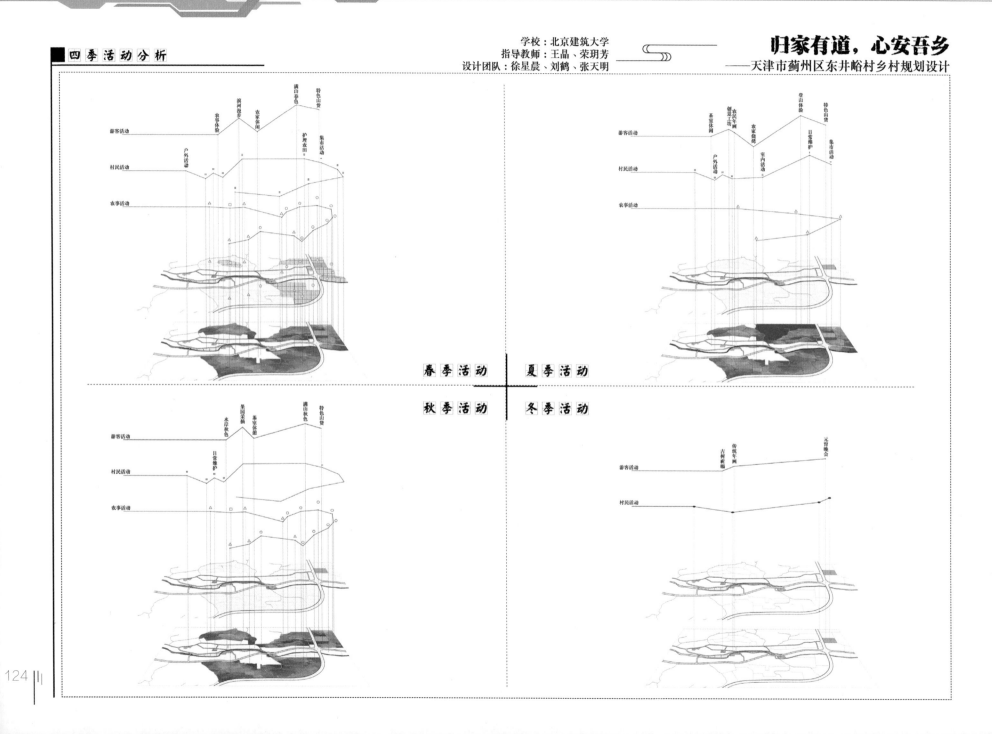

春 季 活 动　　夏 季 活 动

秋 季 活 动　　冬 季 活 动

归家有道，心安吾乡
——天津市蓟州区东井峪村乡村规划设计

学校：北京建筑大学
指导教师：王晶、荣玥芳
设计团队：徐星晨、刘鹤、张天明

■人群活动分析

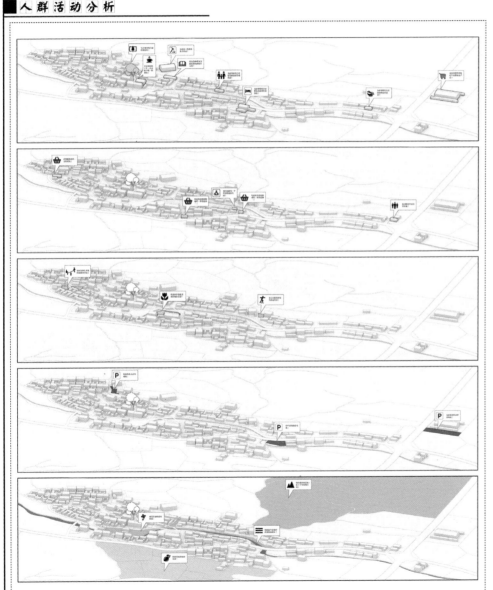

■规划前后对比

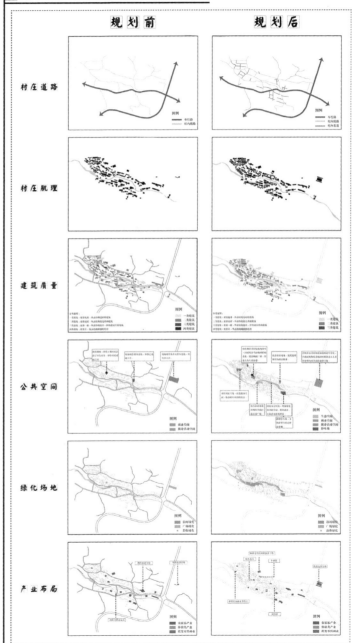

125

归家有道，心安吾乡
——天津市蓟州区东井峪村乡村规划设计

学校：北京建筑大学
指导教师：王晶、荣玥芳
设计团队：徐星晨、刘鹤、张天明

道路断面及街巷空间

典型街巷宽度图

道路断面图

学校：北京建筑大学
指导教师：王晶、荣玥芳
设计团队：徐星晨、刘鹤、张天明

归家有道，心安吾乡
——天津市蓟州区东井峪村乡村规划设计

现状大槐树

茶室效果图1 茶室效果图2 茶室效果图3

村庄局部鸟瞰

典型空间效果图

学校：北京建筑大学
指导教师：王晶、荣玥芳
设计团队：徐星晨、刘鹤、张天明

归家有道，心安吾乡
——天津市蓟州区东井峪村乡村规划设计

现状河道

滨水景观节点效果图

现状荒废建筑

农民年画馆效果图

归家有道，心安吾乡
——天津市蓟州区东井峪村乡村规划设计

学校：北京建筑大学
指导教师：王晶、荣玥芳
设计团队：徐星晨、刘鹤、张天明

■ 模 型 照 片

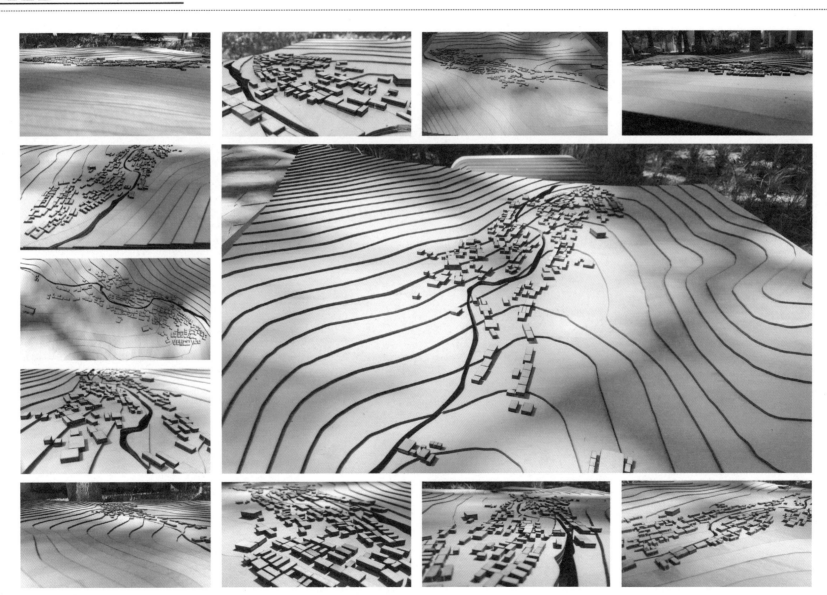

沈阳建筑大学

吉林建筑大学

天津城建大学

山东建筑大学

北京建筑大学

沈阳建筑大学

内蒙古工业大学

从 2011 年首届联合毕业设计开始，国内高校规划专业间的联合毕业设计就如火如荼地开展起来，从东部沿海到西部内陆，从南方发达地区到北方工业城镇。北方规划教育联盟也是在这样的大背景下应运而生的，基于北方的地域特点，聚集了华北以北的一批具有共同发展阶段和目标的建筑类专业院校，首届联合毕业设计的六所高校分三地进行开题调研、中期汇报和最终答辩，增进了交流，促进了共享，实现了目标。

第一，共享了教学环节；毕业设计是对之前四年半所学专业知识的检验和总结，通过联合毕业设计环节各校师生之间的调研、讨论、汇报和联合点评，让师生开阔视野、提高认知、增加交流，各学校之间在教学理念、教学方法、教学手段和教学组织等方面得到了共享和互补。

袁敬诚

第二，提升了认知能力；本次联合毕业设计以天津蓟州区东井峪村和石臼村为设计对象，结合当前乡村振兴的大背景，师生们通过梳理方针政策、参观示范村落"石头村"、踏勘实地地形、听取村委介绍、访谈村民需求、讨论产业发展、测绘传统院落、借鉴成功案例、运用大数据模拟等系统的分析和梳理，深入地了解了乡村振兴的发展模式、产业运维、村庄特色等营造方法，完成了概念策划到研究型设计的操作过程，提升了对国家乡村振兴战略的认知水平，探索了研究型设计的操作方法。

第三，启发了创新思维；创新是城市规划设计的理想和魅力所在。城市规划专业的学生不仅具有浪漫的理想、活跃的思维，更具有创作的激情和创新的追求，这不仅表现在丰富的设计成果表达中，也体现在现状分析、讨论交流、汇报答辩环节之中，甚至从激烈争论的设计过程中体现出来。这种创作的激情和创新思维，正是这群未来城市规划师探索专业规律和理想城市的原动力；也是城市规划教师的责任和情怀。

最后祝愿北方规划联盟一路同行，越走越好！

祝愿亲爱的毕业生同学们，永葆激情，事业成功！

黄思宇

　　通过这次北方六校联合毕业设计，结识到了很多外校的朋友、老师。同时在完成毕业设计与他们的交流过程中对自己的设计起到了不小的影响作用，大家互相学习。通过这样一个平台使我们共同进步，也能够认真高效地上好大学最后一堂课。袁老师的熏陶和教诲也让我们明白了创新精神和钻研精神的重要性，使我们获益匪浅。

刘　璐

　　随着毕业日子的到来，毕业设计也到达了尾声。从1月到6月，历时5个月的天津市蓟州区东井峪村的乡村毕业设计终于完成了。从对村庄一无所知，到了解到村庄居民的产业、生活的真实状态，使我们明白了自己对于社会的知识还比较欠缺，对于规划对象的了解也不够深入。通过这次毕业设计，我才明白学习是一个长期积累的过程，除了书本上知识的积累，还有要更多的体会民生、接触社会。应该努力提高自己的多方面知识和综合素质。

毕业设计作为我们大学学习阶段的最后一个阶段，是对我们所学专业知识的综合应用，参与本次联合毕业设计，对我们两个人既是一个能力的检验，更是一个展示自身的机会。五个月的设计过程中，我们以石臼村的规划与设计中学习乡村规划的多种手段，站在乡村规划的现实背景展开设计。同时在调研、方案推敲与设计到最终完善方案的各个环节，我们不断学习与讨论，与各个学校的同学们得以交流，取长补短。在毕业设计中，我们非常感谢指导老师袁敬诚老师给予我们的帮助，把学生放在心上，认认真真地指导我们设计方案并不断完善。未来的学习道路还很长，我们将不断完善自己、提高自己，将学习精神与态度继续保持下去。

王斯莹

　　在这次毕业设计中，是以小组为单位进行的，设计中同学间互相学习，共同进步，有什么不懂的大家在一起商量，思维的碰撞让设计的过程充满了趣味性和惊喜。

　　在此还要感谢袁老师对我们的悉心的指导，在设计过程中，袁老师从始至终伴随我们进行设计，在中途遇到瓶颈期的时候，老师总能及时地为我们指点迷津，帮助我们推进设计进度，督促我们对方案的深入思考，十分感谢袁老师给予我们的帮助！

吴雨桐

基于陪伴式规划的乡村规划与设计
Rural planning and design based on companion planning

出柿入市

Rural Planning and Design of Dongjingyu Village, Jizhou District, Tianjin **天津市蓟州区东井峪村村庄规划与设计**

东井峪村

区位条件

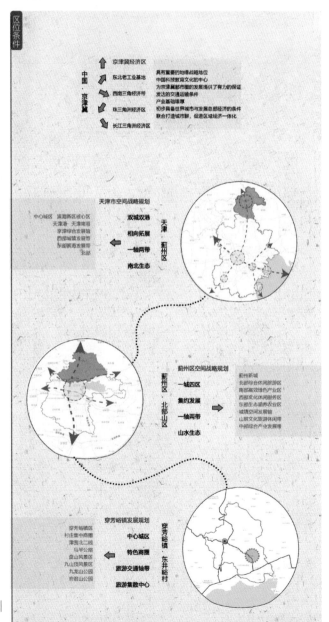

交通优势
位于京津一小时经济圈
借力京津冀发展
作为承西启东的连接点
携手平三保
辐射兴道驿五
庇屡区域放射机遇
打造次区域中心城市

中国·京津冀

天津空间战略规划

中心城区 滨海新区核心区
天津港·天津南港
享津综合台旅游带
西部城镇发展带
东部滨海发展带
北部

双城双港
相向拓展
一轴两带
南北生态

蓟州区空间战略规划

中心城区 北部综合休闲旅游区
南部高效绿色产业区
西部文化休闲发展区
东部生态涵养农业区
城镇空间发展轴
山旅文化旅游休闲带
中部综合产业发展带

一城四区
集约发展
一轴两带
山水生态

穿芳峪镇发展规划

穿芳峪镇
村庄集中连片圈
津围北二线
马平公路
盘山风景区
九山顶风景区
九龙山公园
府君山公园

中心城区
特色商圈
旅游交通轴带
旅游集散中心

北京 → 承接北京对外辐射，吸纳外溢产业和相关产业服务转移

天津 → 争取天津的相关发展政策和主导产业的发展机遇

河北 → 强调对资源和初级产品的利用

借力发展

客群资源、品牌整合、生态保护、生态农业

旅游资源

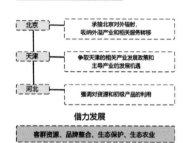

蓟州区旅游发展战略图

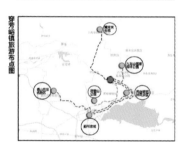

文化产业区 依托盘山文创园，重点发展文化创意产业，提高产品附加值

综合服务核心区 依托城区公共服务资源，营造商圈，打造统筹联动服务平台

山地观光休闲区 依托山区旅游资源，重点发展观光游及节庆活动

环湖生态休闲区 利用滨湖景观，发展休闲及会议展览，整合旅游产业，携升旅游品质

穿芳峪镇旅游布点图

第一座长城博物馆 第一座长城博物馆"雄、险、奇、秀"，蓟州区北28公里

盘山 京东第一山，我国15大名山之一，蓟州区西12公里

九龙山森林公园 生态型自然景区，蓟州区东19.5公里

元古奇石林 天然奇石景观巧夺天工，蓟州区东北部穿芳峪镇毛家峪村16.7公里

文化资源

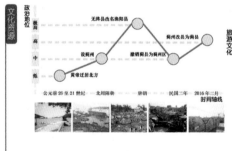

时间轴线

无终县改名渔阳县
设蓟州
蓟州改县为蓟县
撤销蓟县为蓟州区
黄帝迁居北方

政治高中低地位

公元前26至21世纪 北周隋朝 唐朝 民国二年 2016年二月

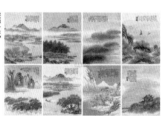

渔阳八景
青池春涨：城东十五里有池一区，水青如蓝，春月涨满，涵濑可爱。
白涧秋风：城西四十里有涧谷，发源于盘山，水色照耀毛皮，四时清然如秋。
采村烟霞：城南二十五里有白涧村，树木森郁，村落如画，每遇晨暮，瑞色烟涵。
铁岭云横：城北十里有岭高数十仞，土石黑似铁故名，铁岭云气，蒸郁或蜿或霄，状看如霞。
盘山暮雨：城西北二十五里盘山一带山势盘陌萦回，奇峰陡峻，每薄暮时，云霓雾霭，浮漾满山，洞壑非晴，不而幻而。
独乐晨灯：城西门内有古刹名高九丈余，每元旦之晨，自盘山舍利塔有灯冉冉而来，先至独乐后及诸古刹。
崆峒积雪：城北五里山曰崆峒，每冬季积雪皑皑，风光环绕，山容如画，势堪宜人。
潮水流冰：城西三十里始名潮水，水自盘山之罅间出，切夏时山阴中有水流出。

非物质文化

评剧
民国年间，蓟县田各庄孙凤夫妇和孤三夫妇演唱流行一时的"莲花落"，他们别号演唱，就地演唱。
评剧评能根植于民间的热土，表现出与蓟县风格相匹配的淳朴与亲民，评剧具有以地方方言为口口，通俗易懂，且音乐亲院，颜脸上口的艺术，深受人们的喜爱，而被人们所接受。

独乐寺庙会
独乐寺庙会起源于辽，袁盛于明清，绵延千载至今，历史上曾是京东最有影响的庙会，有史料记载"游词之士，冠盖相望，不绝于兴盛地，当昔全盛之时，剧曼龙廊，楹悬珠玉，晨钟暮鼓，上闻宪牢。"独乐寺庙会内容丰富，既保留了传统庙会风格特色，又具有鲜明的时代感，体现了中华文化兼容并蓄的传统。

北少林武术
从七八岁起高端辉煌就雕随父亲商保授学习北少林功夫，从基本功到踢腿、翻腾和对攻，再到刀枪创剑，经过多年苦练，今成为北少林商家门武术 第七代嫡亲传人。2004年，他正式在少林寺拜释永信大师为师，释永信聘赠法名"释延岸"。

燕子李三
李三的原名为李芬，蓟县上仓保家庄人，号祥清，生于清朝同治7年（公元1868年），因病病卒于中华民国22年（公元1933年）。此人武功高强，一生行侠仗义劫富济贫，留下了许多除奸人口的传奇故事，这些传奇故事被人们口口相传，代代相传，有的还被编成戏，流传至今。

皮影雕刻技艺
影雕刻技艺代表传承人贾连海从清代始王府学成雕刻技艺，曾在宫里为西太后雕刻和表演影画，尤以检藏皮影最具特点，其技艺和源到的皮影作品多姿最美。张家的雕影刻艺更加细腻，形象生美生动，贾连海在皮影雕刻的各色特更丰富的景，通过不断积累经验，在色彩搭配、着色次序上有研究。

蓟县青池碾碌会
蓟县青池镇建设北半坡内，表明8000年前，我们的祖先就已经在青池村这块土地上生息繁衍了。这里盛产稻谷，勤劳智慧的蓟州人民把制碾轧稻谷这种生活场景编排成一种独有的舞蹈，生动地映了劳动人民日夜用碾碌碾压稻谷稻的劳动生活。

基于陪伴式规划的乡村规划与设计
Rural planning and design based on companion planning

Rural Planning and Design of Dongjingyu Village, Jizhou District, Tianjin 天津市蓟州区东井峪村村庄规划与设计

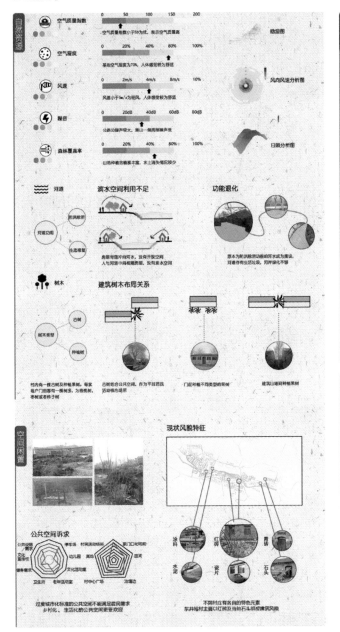

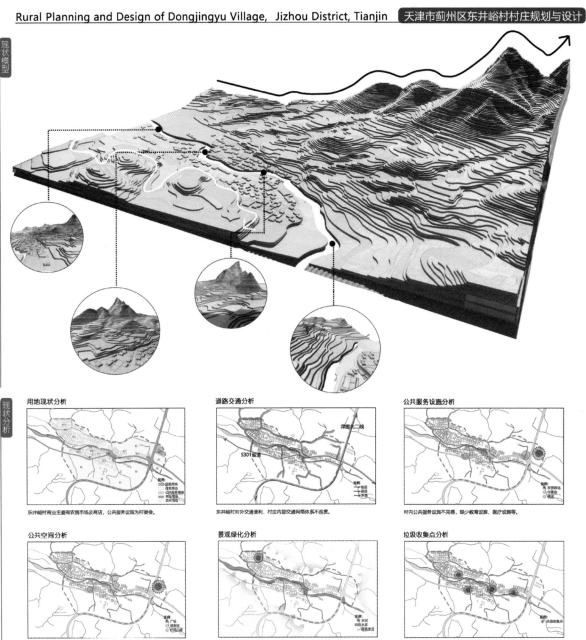

基于陪伴式规划的乡村规划与设计
Rural planning and design based on companion planning

入出市柿

Rural Planning and Design of Dongjingyu Village, Jizhou District, Tianjin　天津市蓟州区东井峪村村庄规划与设计

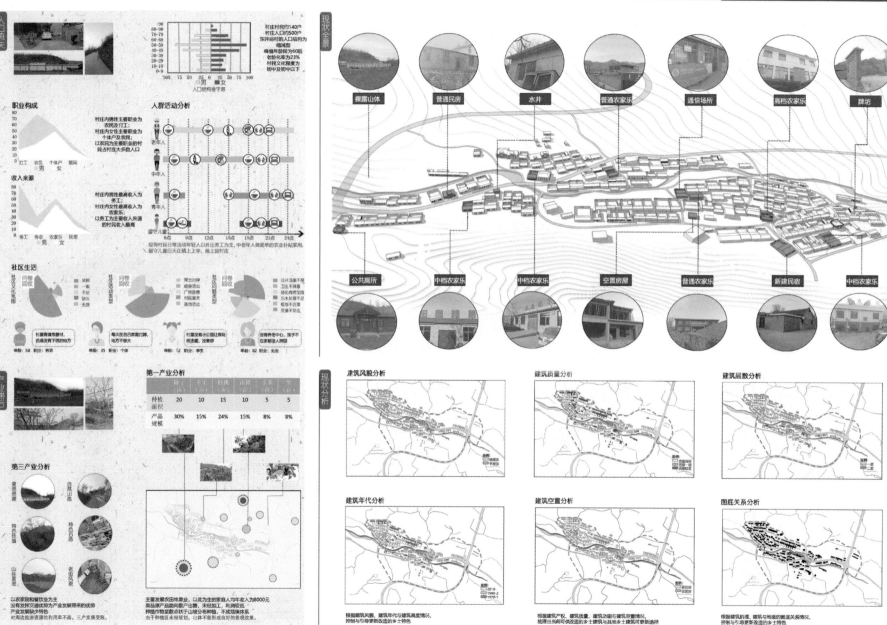

现状全景

裸露山体　普通民房　水井　普通农家乐　通信场所　高档农家乐　牌坊

公共厕所　中档农家乐　中档农家乐　空置房屋　普通农家乐　新建民宿　中档农家乐

人口流失

职业构成

人群活动分析

村庄内男性主要职业为农民及打工；
村庄内女性主要职业为个体户及农民；
以农民为主要职业的村民占村庄大多数人口

收入来源

村庄内男性最高收入为务工；
村庄内女性最高收入为农家乐；
以务工为主要收入来源的村民收入最高

社区生活

产业滞后

第一产业分析

	核桃 (亩)	草莓 (亩)	柿桃 (亩)	山楂 (亩)	玉米 (亩)	梨 (亩)
种植面积	20	10	15	10	5	5
产品规模	30%	15%	24%	15%	8%	8%

第三产业分析

现状分析

建筑风貌分析　　建筑质量分析　　建筑层数分析

建筑年代分析　　建筑空置分析　　图底关系分析

入出市柿 基于陪伴式规划的乡村规划与设计
Rural planning and design based on companion planning

Rural Planning and Design of Dongjingyu Village, Jizhou District, Tianjin 天津市蓟州区东井峪村村庄规划与设计

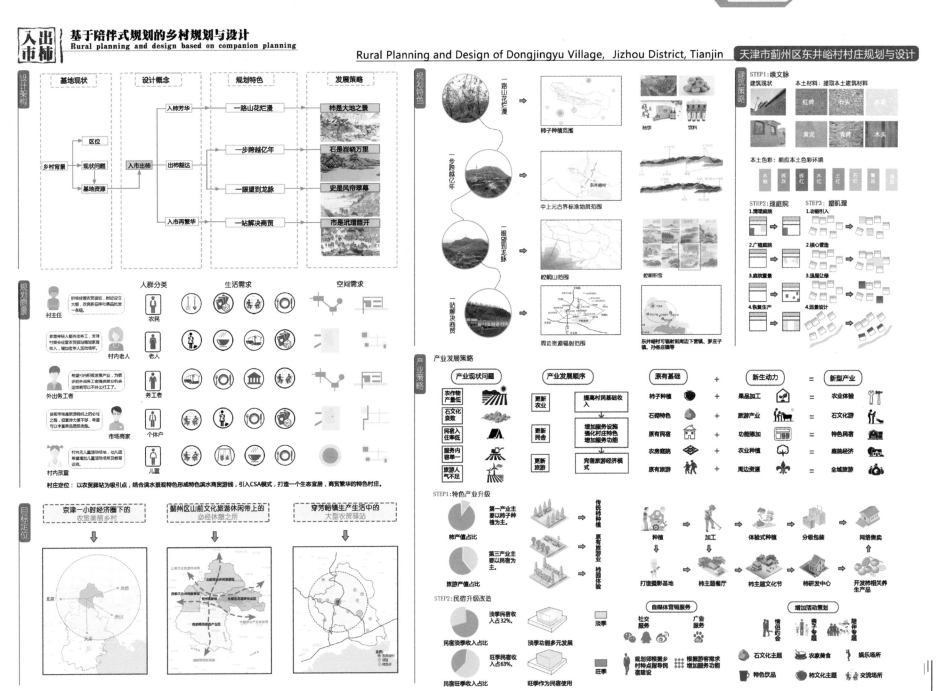

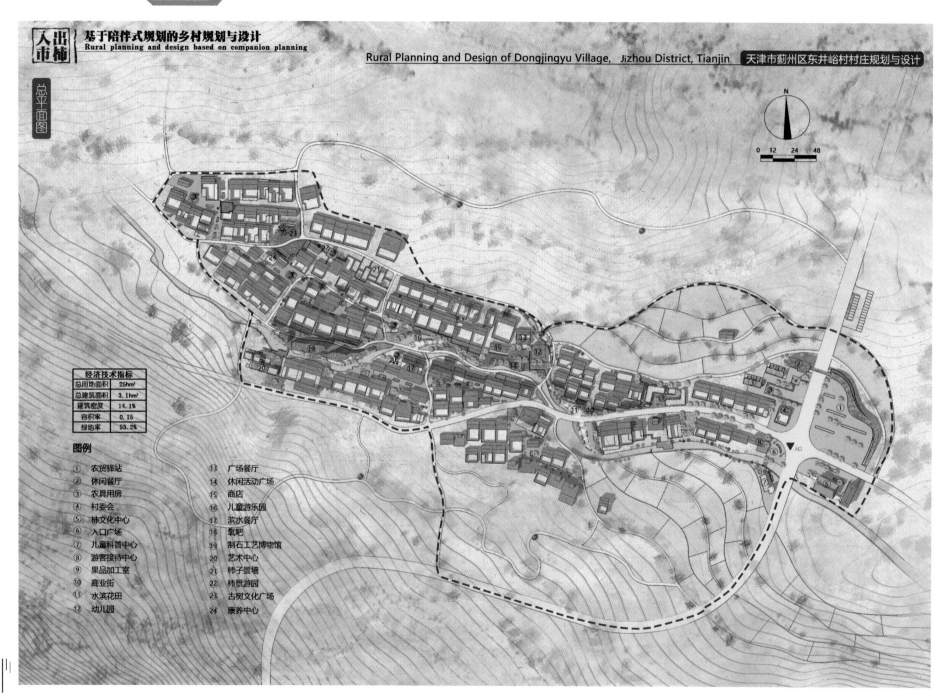

入出市柿

基于陪伴式规划的乡村规划与设计
Rural planning and design based on companion planning

Rural Planning and Design of Dongjingyu Village,　Jizhou District, Tianjin

天津市蓟州区东井峪村村庄规划与设计

总平面图

经济技术指标

总用地面积	25hm²
总建筑面积	3.1hm²
建筑密度	14.1%
容积率	0.15
绿地率	53.2%

图例

① 农贸驿站
② 休闲餐厅
③ 农具用房
④ 村委会
⑤ 柿文化中心
⑥ 入口广场
⑦ 儿童科普中心
⑧ 游客接待中心
⑨ 果品加工室
⑩ 商业街
⑪ 水滨花田
⑫ 幼儿园

⑬ 广场餐厅
⑭ 休闲活动广场
⑮ 商店
⑯ 儿童游乐园
⑰ 滨水餐厅
⑱ 氧吧
⑲ 制石工艺博物馆
⑳ 艺术中心
㉑ 柿子景墙
㉒ 柿景游园
㉓ 古树文化广场
㉔ 康养中心

基于陪伴式规划的乡村规划与设计
Rural planning and design based on companion planning

Rural Planning and Design of Dongjingyu Village, Jizhou District, Tianjin

天津市蓟州区东井峪村村庄规划与设计

基于陪伴式规划的乡村规划与设计
Rural planning and design based on companion planning

Rural Planning and Design of Dongjingyu Village, Jizhou District, Tianjin ┃天津市蓟州区东井峪村村庄规划与设计

村域规划

村域土地利用规划图

村域用地汇总表

用地代码		用地名称	用地面积（hm²）	占村庄用地比例（%）
V		村庄建设用地	9.80	0.03
	其中	村民住宅用地	6.50	0.02
		村庄公共服务用地	2.30	0.01
		村庄产业用地	2.50	0.01
		村庄基础设施用地	0.50	0.00
		村庄其他建设用地	0.00	0.00
N		非村庄建设用地	2.30	0.01
	其中	对外交通设施用地	2.30	0.01
		国有建设用地	0.00	0.00
E		非建设用地	14.20	0.57
	其中	水域	3.50	0.01
		农林用地	220.00	0.67
		其他非建设用地	0.00	0.00
		村域用地	326.00	100.00

村域交通体系规划图

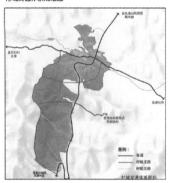

村域游线规划图

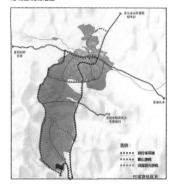

村域消防设施规划图

村域空间管制规划图

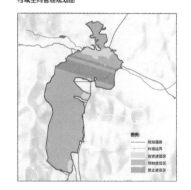

村庄规划

村庄空间结构规划图

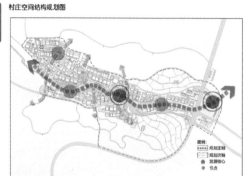

村庄功能分区规划图

村庄土地利用规划图

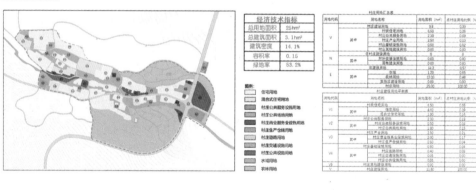

经济技术指标	
总用地面积	25hm²
总建筑面积	3.1hm²
建筑密度	14.1%
容积率	0.15
绿地率	53.2%

村庄建筑整治规划图

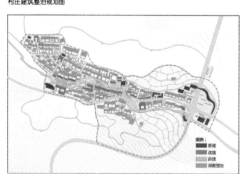

村庄道路交通规划图

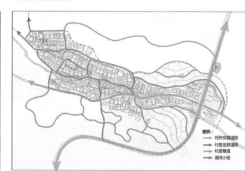

基于陪伴式规划的乡村规划与设计
Rural planning and design based on companion planning

Rural Planning and Design of Dongjingyu Village, Jizhou District, Tianjin | 天津市蓟州区东井峪村村庄规划与设计

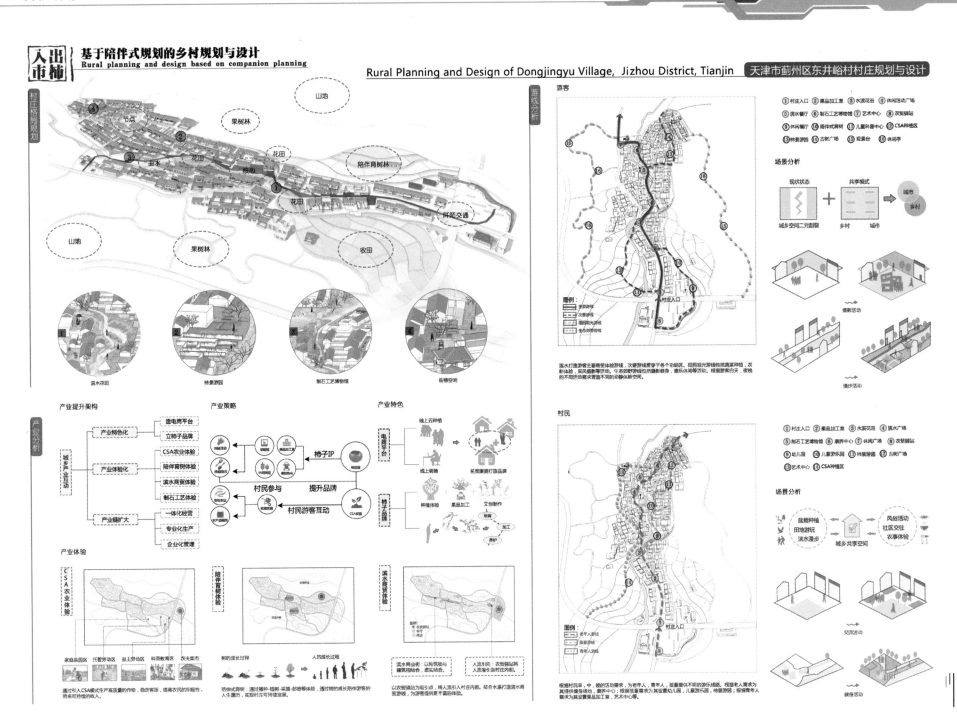

入市出柿

基于陪伴式规划的乡村规划与设计
Rural planning and design based on companion planning

公共空间分析

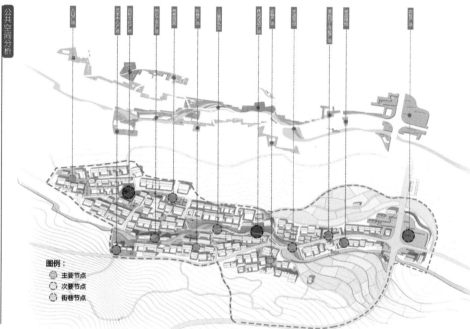

图例：
● 主要节点
○ 次要节点
○ 街巷节点

重点建筑分析

农贸驿站

屋顶引导线路：从一层将人流从农贸驿站引入村庄内部
一层展销线路
室外展销线路
村委会
柿文化中心
游客接待中心

农贸驿站根据地形设计其自由的曲线形式，建筑立面虚实结合，可参观到周围大地景观。建筑通过流线引导将农贸驿站的游客吸引到村庄内部。

日常活动　　节庆活动

可移动布展台　　农夫集市

室外广场日常作为展销农产品场所。展台为可移动的，自由灵活，可根据不同功能需求进行摆放。

制石工艺博物馆

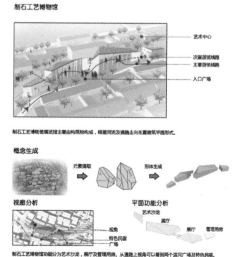

艺术中心
次要游览线路
主要游览线路
入口广场

制石工艺博物馆展览流线主要由构筑物构成，根据河流及道路走向布置建筑平面形式。

概念生成

元素提取 → 形体生成

视廊分析

视角
特色民宿
广场

平面功能分析

艺术沙龙
展厅
展厅
管理用房

制石工艺博物馆功能分为艺术沙龙，展厅及管理用房，从道路上视角可以看到两个滨河广场及特色民宿。

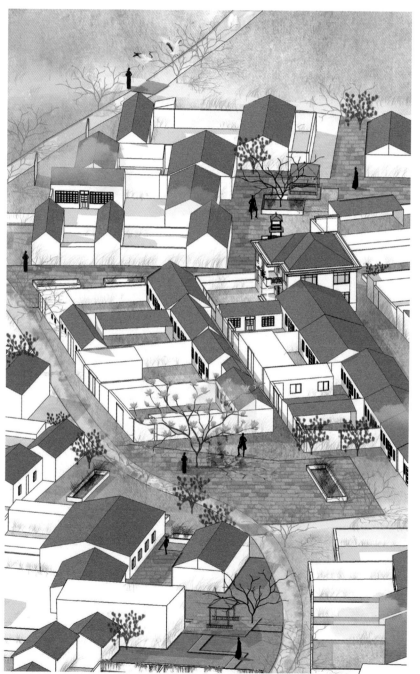

出入市柿

基于陪伴式规划的乡村规划与设计
Rural planning and design based on companion planning

景观格局

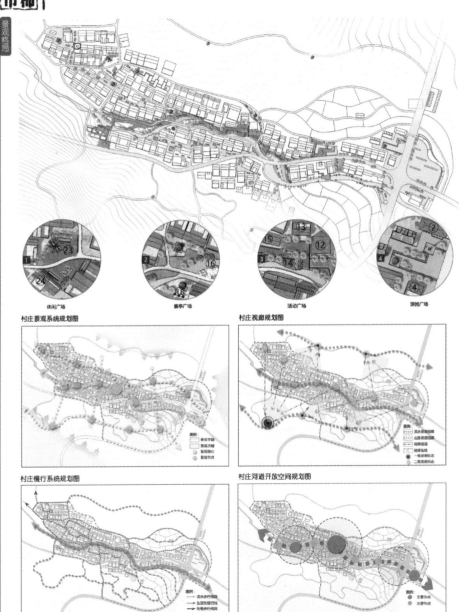

休闲广场　　　景亭广场　　　活动广场　　　游园广场

村庄景观系统规划图　　　村庄视廊规划图

村庄慢行系统规划图　　　村庄河道开放空间规划图

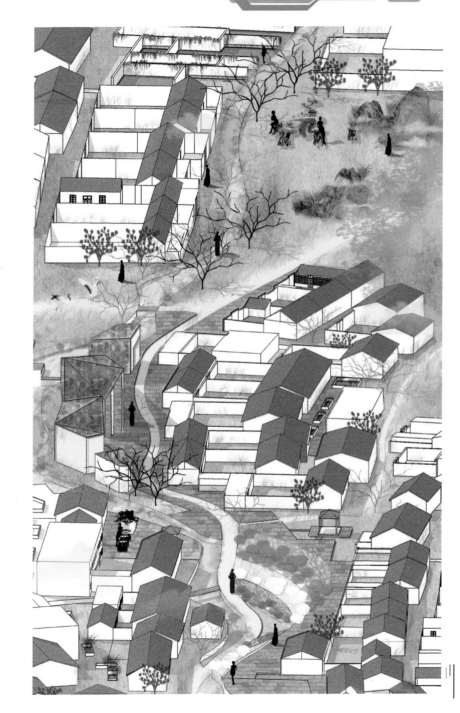

基于陪伴式规划的乡村规划与设计
Rural planning and design based on companion planning

入出市柿

建筑改造

民宿等级分析图

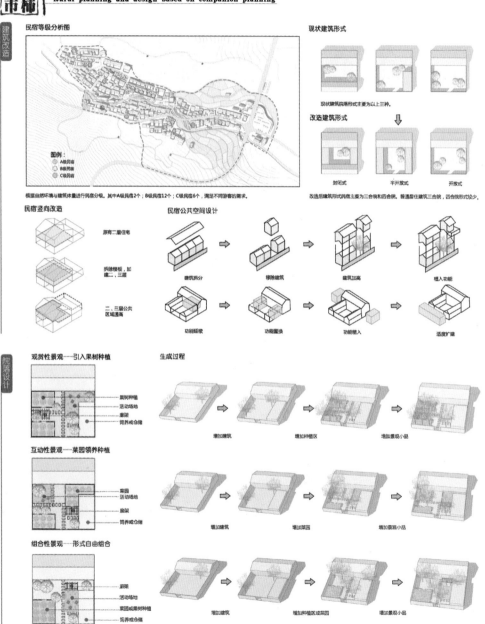

图例：
A级民宿
B级民宿
C级民宿

根据自然环境与建筑体量进行民宿分级。其中A级民宿2个，B级民宿12个，C级民宿6个，满足不同游客的需求。

现状建筑形式

现状建筑院落形式主要为以上三种。

改造建筑形式

改造后建筑形式民宿主要为三合院和四合院。普通居住建筑三合院，四合院形式较少。

封闭式　半开放式　开放式

民宿竖向改造

原有二层住宅

拆除楼板，加建二、三层

二、三层公共区域通高

民宿公共空间设计

建筑拆分　移除建筑　建筑加高　植入功能

功能延续　功能置换　功能植入　适度扩建

院落设计

观赏性景观——引入果树种植

果树种植
活动场地
廊架
饲养或仓储

互动性景观——菜园领养种植

菜园
活动场地
廊架
饲养或仓储

组合性景观——形式自由组合

廊架
活动场地
菜园或果树种植
饲养或仓储

生成过程

增加建筑　增加种植区　增加景观小品

增加建筑　增加菜园　增加景观小品

增加建筑　增加种植区或菜园　增加景观小品

石臼村

歸園田居 石臼

[沉浸式體驗概念下]
[的鄉村規划与設計]

Rural Planning and Design |

鳥瞰圖

高山滿月清風
明月清風

予作此田宅，
漫步于丘壑，
信步于家庭。
三五好友，
田園夜美，
恬淡生活。

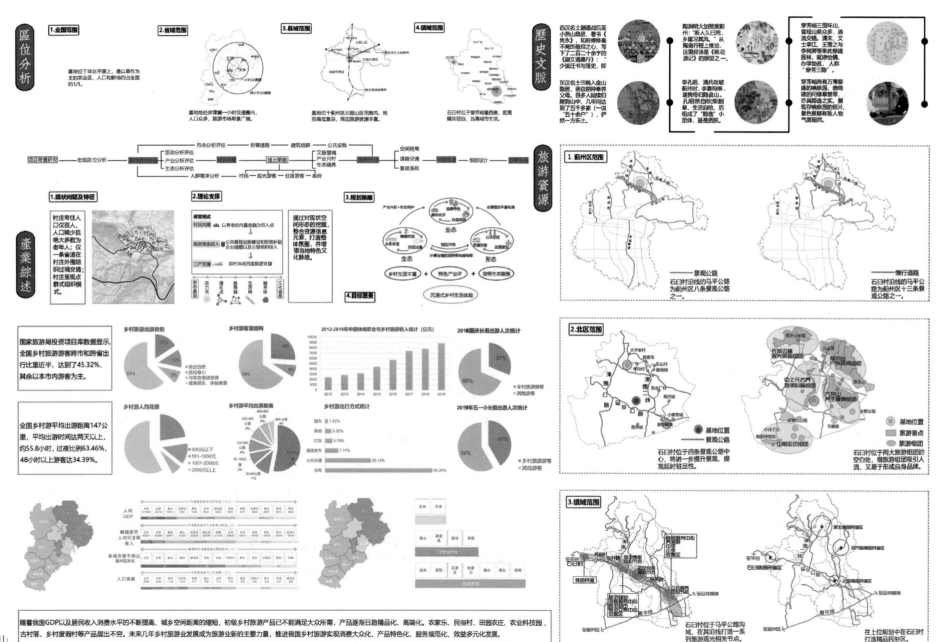

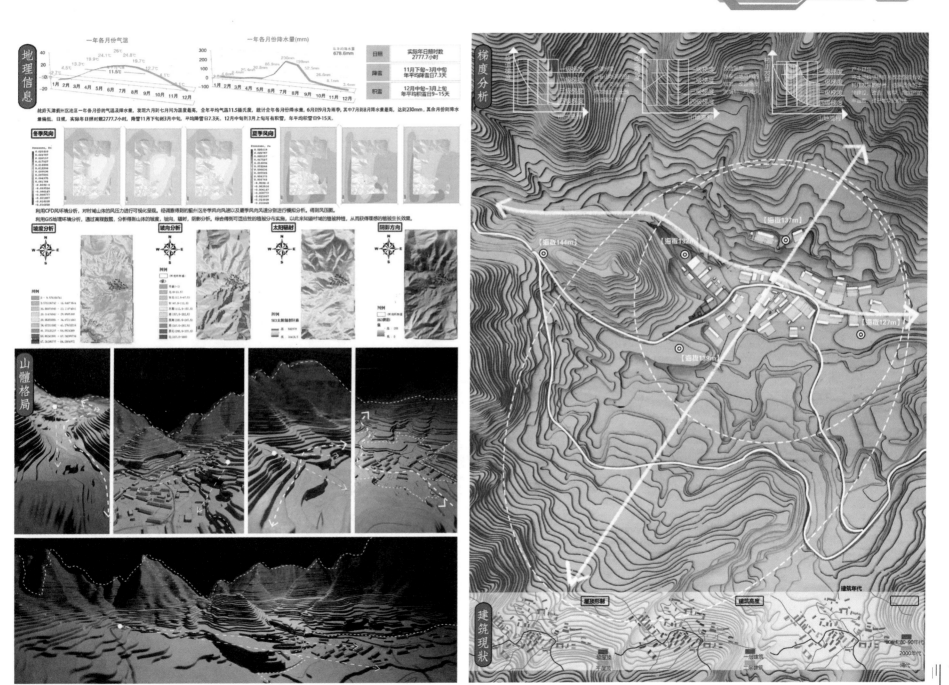

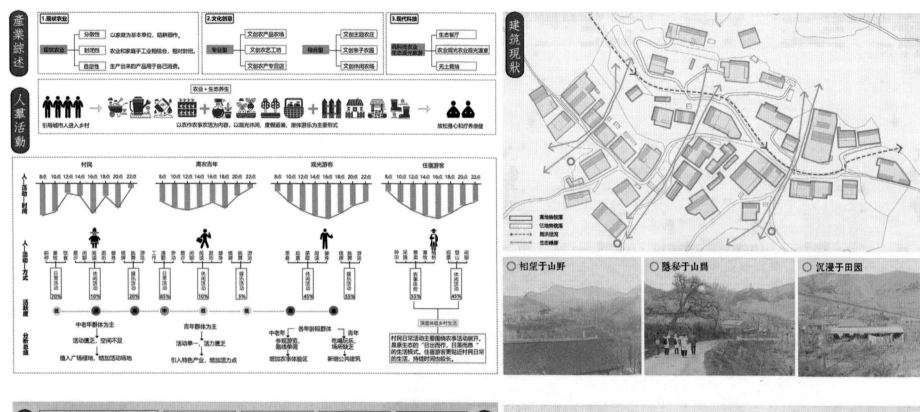

產業綜述

1.现状农业

现状农业 — 分散性 — 以家庭为基本单位，精耕细作。
封闭性 — 农业和家庭手工业相结合，相对封闭。
自足性 — 生产出来的产品用于自己消费。

2.文化创意

专业型 — 文创农产品农场 / 文创农艺工坊 / 文创农产专卖店
综合型 — 文创主题农庄 / 文创亲子农园 / 文创休闲农场

3.现代科技

高科技农业生态观光旅游 — 生态餐厅 / 农业观光农业观光温室 / 无土栽培

人羣活動

引导城市人进入乡村 → 农业+生态养生 以农作农事农活为内容，以观光休闲、度假避暑、康体游乐为主要形式 → 放松身心和疗养康健

村民 / 离农青年 / 观光游客 / 住宿游客

8点 10点 12点 14点 16点 18点 20点 22点

村民 — 中老年群体为主 — 活动匮乏 空间不足 — 植入广场绿地，增加活动场地
离农青年 — 青年群体为主 — 活动单一，活力匮乏 — 引入特色产业，增加活力点
观光游客 — 中老年参观游览，路线单调 各年龄段群体 吃喝玩乐，场所缺乏 青年 — 增加农事体验区 / 新增公共建筑
住宿游客 — 村民日常活动主要围绕农事活动展开。是原生态的"日出而作，日落而息"的生活模式。住宿游客更贴近村民日常的生活，持续时间也较长。 深度体验乡村生活

日常活动 70% 休闲活动 10% 娱乐活动 20%
日常活动 85% 休闲活动 10% 娱乐活动 5%
美食 观赏 苏敬 健身 摄影 旅游 45% 55%
种田 采摘 销售 摘收 植树 观赏 登山 闲逛 农事体验 55% 休闲活动 45%

建筑現狀

高地势院落 / 低地势院落 / 雨洪径流 / 生态廊道

相望于山野 / 隐秘于山间 / 沉浸于田园

問題空間

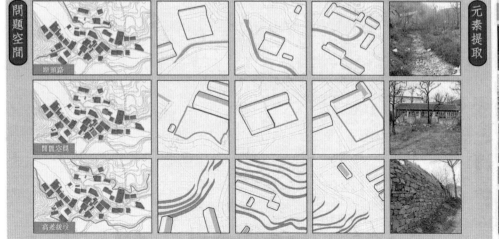

断头路 / 闲置空间 / 高差破坏

元素提取

红砖 / 毛石墙 / 柴火間 / 老木门 / 黄瓦 / 烟囱

風貌提取 / 道路尺度

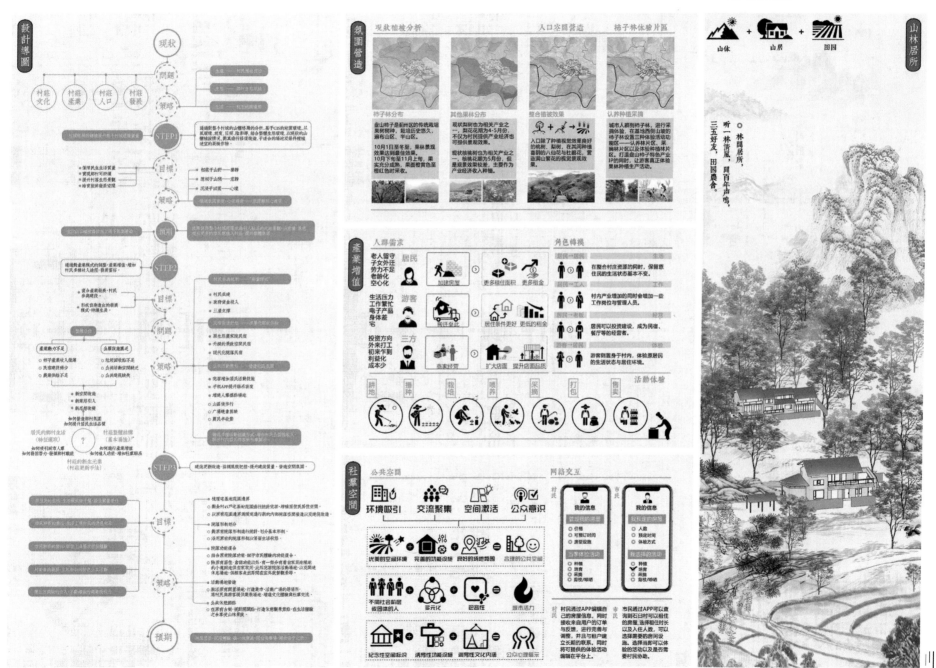

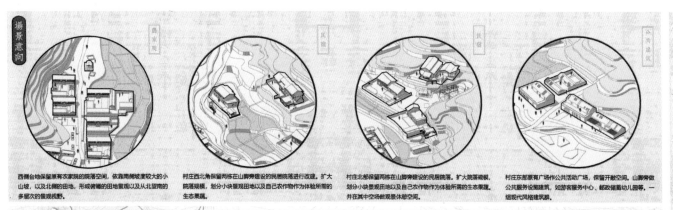

场景意向

西侧台地保留原有农家院的院落空间，依靠南侧缓坡度较大的小山坡，以及北侧的田地，形成俯瞰的田地景观以及从北留南的多层次的景观视野。

村庄西北角保留两栋在山脚旁建设的民居院落进行改建。扩大院落规模，划分小块观田地以及自己农作物为体验所需的生态果蔬。

村庄北部保留两栋在山脚旁建设的民居院落。扩大院落规模，划分小块观田地以及自己农作物作为体验所需的生态果蔬。并在其中空场做观景休憩空间。

村庄东部原有广场作公共活动广场，保留开敞空间。山脚旁做公共服务设施建筑，如游客服务中心、邮政储蓄幼儿园等。一组现代风格建筑群。

景观格局

北

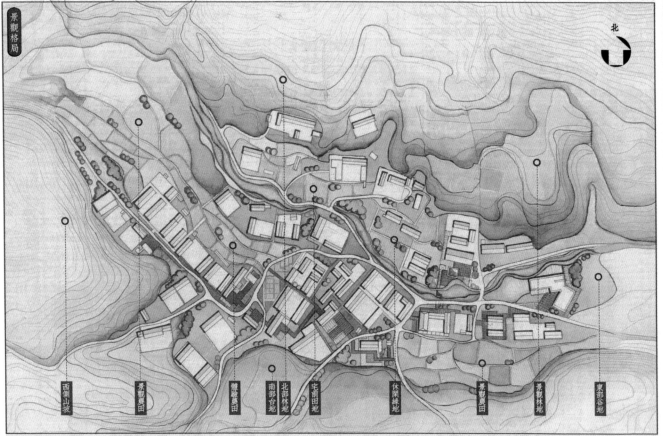

西侧山坡　景观农田　体验农田　南部台地　北部林地　宅前田地　休闲绿地　景观农田　景观林地　东部谷地

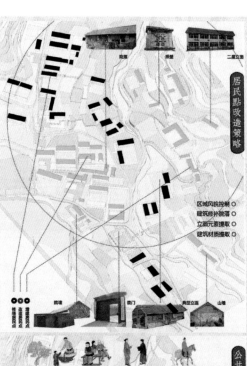

居民点改造策略

区域风貌控制
建筑修补院落
立面元素提取
建筑材质提取

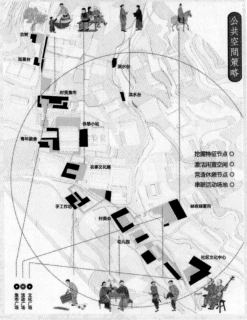

公共空间策略

挖掘特征节点
激活闲置空间
营造休憩节点
串联活动场地

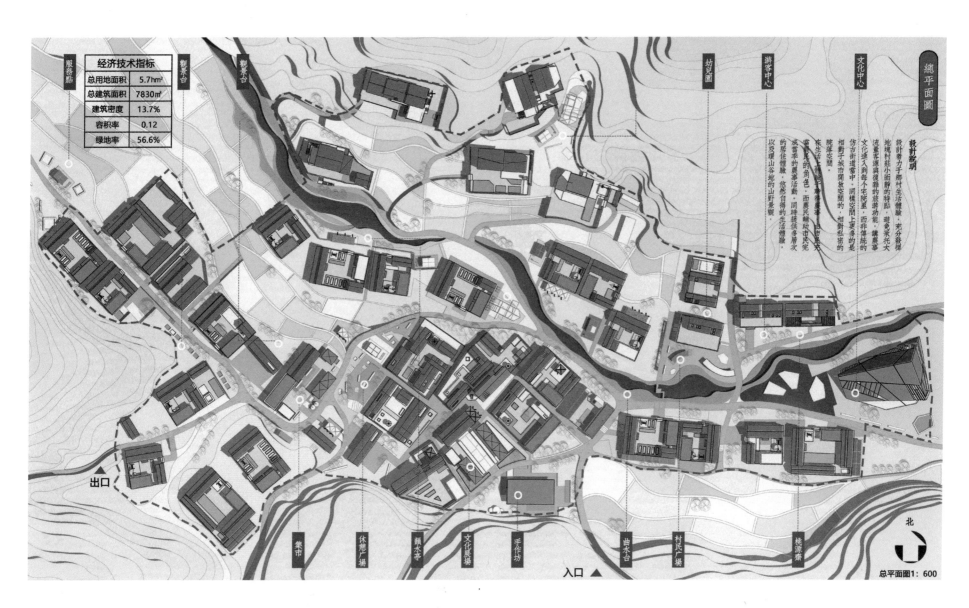

经济技术指标	
总用地面积	5.7hm²
总建筑面积	7830㎡
建筑密度	13.7%
容积率	0.12
绿地率	56.6%

服務點　觀景台　觀景台　　　　　　　　　　　　幼兒園　游客中心　　文化中心　　總平面圖

設計説明

設計着力于都市村生活體驗，充分發揮地域村能小而靜的特點，避免承托大流量客源具復雜的旅游功能，讓農事文化進入到每个宅院里，而非傳統的仿古街道當中，同樣空間上更多的相對千城市開放空間的，相對私密的院落空間。

在生活一層當千都當着當，由扮某安當事中的角色，而農民輔助市民完成當季的農事活動，同時提供多層次的居住體驗，悠然自得的生活體驗，以爰運山谷地的山野景觀。

出口

北

入口 ▲

集市　休憩广场　韻水亭　文化展場　手作坊　　曲水台　村民广场　桃源齋

总平面图1:600

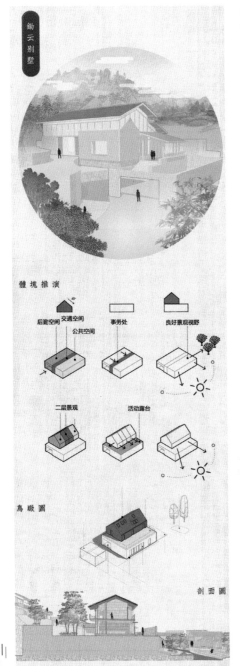

锄云别墅

體塊推演

后勤空间 交通空间　事务处　良好景观视野
公共空间

二层景观　活动露台

鳥瞰圖

剖面圖

曲水閣

鳥瞰圖

體塊推演

場景效果

剖面圖

契陶廬

鳥瞰圖

爆炸圖　體塊推演

剖面圖

韻水亭

鳥瞰圖

體塊推演

剖面圖

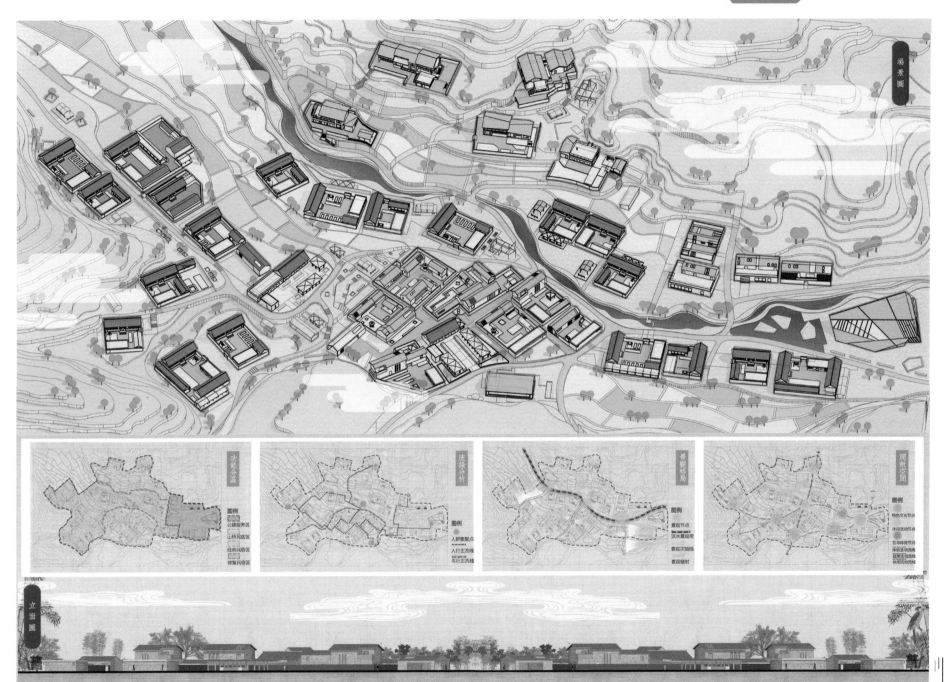

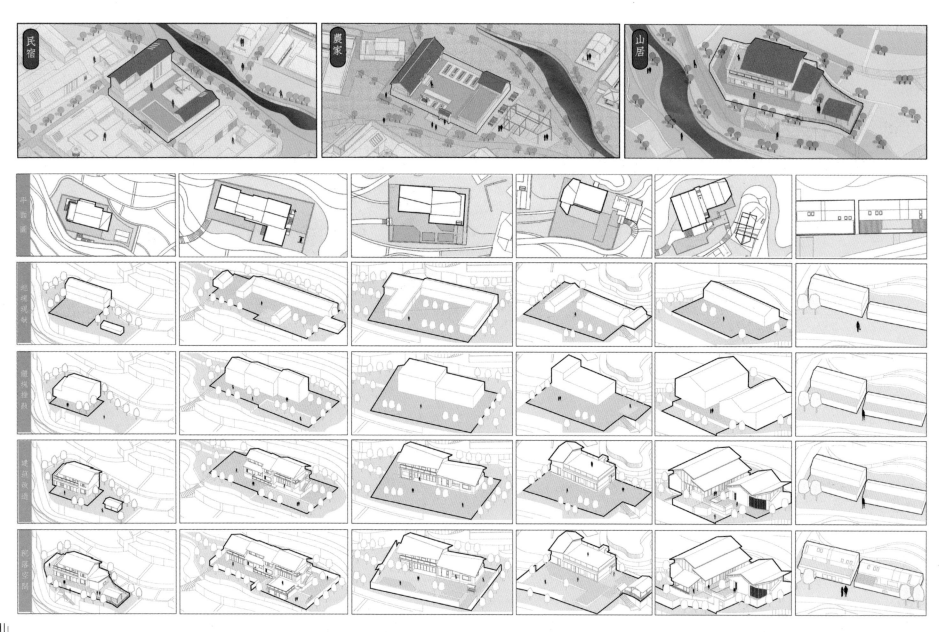

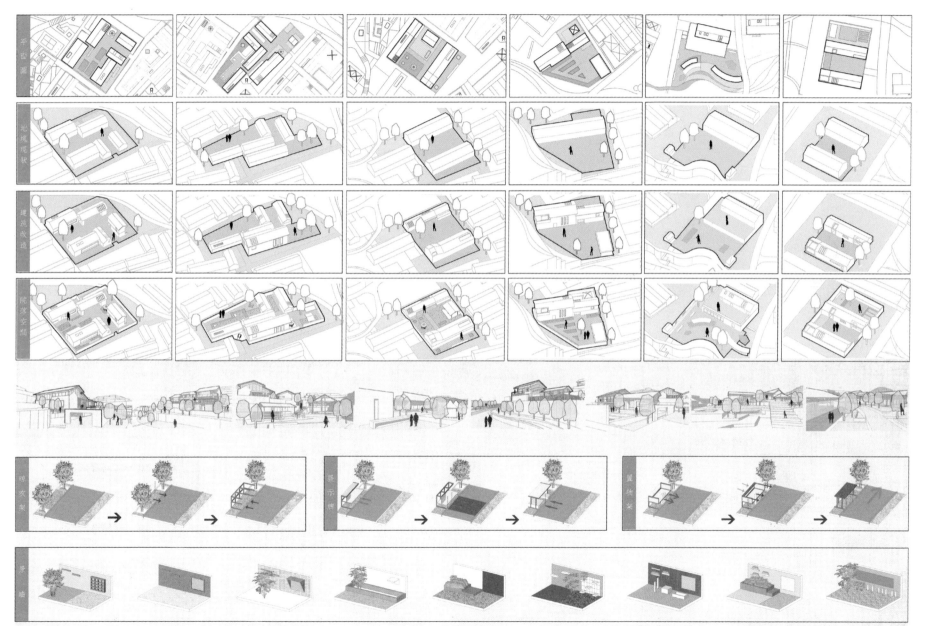

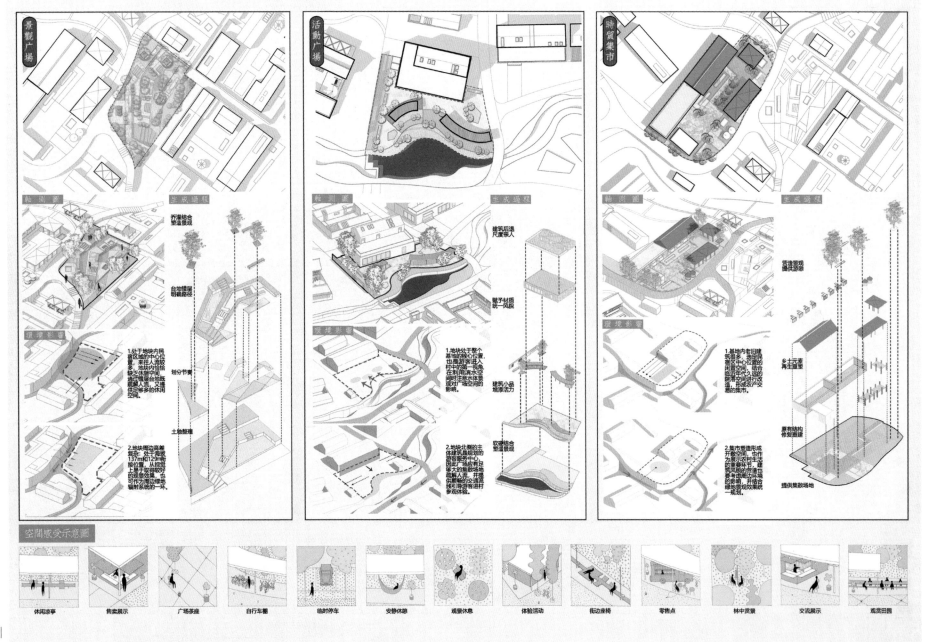

景观广场

活动广场

時貿集市

轴测图　生成過程

乔灌结合
塑造景观

台地错层
明确路径

1.处于地块内民居区域中心位置，来往人流较多，地块内恰恰缺乏休憩空间，上覆平台既能遮蔽人流，又提供足够多的休闲空间。

土地整理

2.地块周边高差复杂：处于海坡137m和129m衔接位置，从视觉上可于获得较好的观景效果，也可作为周边绿地辐射系统的一环。

轴测图　生成過程

建筑后退
尺度亲人

賦予材质
统一风貌

建筑小品
增添活力

1.地块处于整个基地的核心位置，也是游客进入村中的第一视角，在利用滨水空间时注意水体景观对广场空间的影响。

软硬结合
塑造景观

2.地块北側的主体建筑是规划的管客服务中心，因此广场应有足够大的集散场地，安置游人流，并提供舒畅的交通流线引导游客进村参观体验。

轴测图　生成過程

营造景观
提供游憩

乡土元素
再生重塑

康有结构
修复重建

提供集散场地

1.基地内老旧建筑较多，造适民宿区中心恰当的闲置空间，结合临街建筑风貌进行改造，形成适于农村交易的集市。

2.集市塑造形成开敞空间，也作为展示农村生活的重要环节，建筑风貌起到疏通老建筑影响，并结合地貌景观效果统一规划。

空間感受示意圖

| 休闲凉亭 | 售卖展示 | 广场茶座 | 自行车棚 | 临时停车 | 安静休憩 | 观景休息 | 体验活动 | 街边座椅 | 零售点 | 林中赏景 | 交流展示 | 观赏田园 |

内蒙古工业大学

吉林建筑大学　天津城建大学　山东建筑大学　北京建筑大学　沈阳建筑大学　内蒙古工业大学

指导老师感言

荣丽华

学习交流能碰撞出思想的火花，不同地域之间的校际交流，利于教师培养和学生综合能力快速提升。北方规划院校"六校联合毕业设计"以天津市蓟州区东井峪村和石臼村作为设计对象，教学活动与国家乡村振兴战略相结合，选题具有时代意义和实践价值。天津开题、蓟州调研、山东中期、长春答辩，六校师生历时半年，团结协力，结下深厚友谊，收获丰硕成果。我们共同见证了师资队伍的成长、学生团队的成熟、综合能力的提高。集中交流之外，学生们建立了属于自己的交流沟通方式，六校师生团队发挥所长，达到学习交流的目的，我们期待明年精彩继续……

王　强

北方规划六校联合毕业设计带给我最大的感受：精准的定位；深度的交流；丰富的学生团体交流。

同学们在毕业设计期间，表现积极，情绪饱满。调研工作中，能够进入到村民之中进行深入的访谈和调查，了解村民的真实需求，并能够短时间内较全面地掌握村庄整体情况；方案设计过程中，能够独立地查阅文献，针对村庄的现状，寻找适宜的规划方式，进行产业、空间布局，较好地理解毕业设计任务并提出合理实施方案；开题、中期、最终答辩环节中，着力于信息的高效传达，能够用较短时间将方案信息传达。

在设计过程中，不断地对村庄和村域的各类空间进行思考，仔细推敲开放空间的平面位置、建筑院落的改建方案以及对于村民及游客的活动分析，尽力做到对于村庄三生空间的全覆盖。在这个过程中，我看到了同学们对于专业的热爱和学习的热情，也很欣慰地看到各个学校的同学们能够相互学习、共同进步。感谢本次联合毕业设计带给同学们的锻炼与帮助，也祝愿北方规划教育联盟能够吸纳更多的同仁促进学术交流！

首先很荣幸能够参与到北方规划教育联盟的首届联合毕业设计中来，这次联合设计给了我第一次接触乡村课题的机会，在老师和同学的帮助指导下，自己的城市规划设计综合素质得到了显著的提升，从最初的基地调研，再到方案的形成，直到最终的答辩，将近跨越半年的时间，过程虽然艰辛，但是过得很充实，大家一起熬夜赶图，为着一个共同的目标而前进，让我深深地感受到了团队的力量，大家互相学习，共同进步。

同时，也感谢北方规划教育联盟这个平台，感谢为我们辛勤付出的老师，感谢帮助过我的所有人，在与其他院校师生的交流学习过程中，增加了自己的见识，提高了自己对城市规划的理解，也收获了友谊，最重要的是为自己五年的大学生活画上了一个圆满的句号。

刘明昊

能够参加本次联合毕业设计对我来说是一次非常宝贵的经历，从 1 月天津的调研到 5 月长春的答辩，回想起在这阶段经历的点点滴滴，经历的这 100 多个日日夜夜里，相信每一个人都为此付出了自己的心血，提交出了自己满意的答卷。本次的联合毕业设计也将成为我学习生涯中的最后一个设计作业，非常荣幸能够和不同专业的小伙伴合作，一次次的头脑风暴和思维碰撞，让我受益匪浅，大家发挥所长，最终取得了较好的成果。在此感谢我的母校能给我这次机会，提供了一个很好的平台，感谢老师们给我们最悉心的指导，感谢小伙伴们的陪伴与激励，感谢为此次联合毕业设计付出心血的老师和同学。

王圣雯

在这次设计中可谓是受益匪浅，最大的收获就是让我培养自己脚踏实地、认真严谨、实事求是的学习态度。我要衷心感谢我的队友刘明昊同志、王圣雯同志和指导老师荣老师、王老师陪我走完这段大学的最后时光，是北方联合毕业设计平台让我们从天南地北走到一起，一起为了一个共同的设计不懈努力。毕业设计的路上，和我的队友们一起努力进步，过程曲折，结果美好，感谢他们。

周 强

本次毕业联合设计，我受益良多，特别感谢荣老师和王老师的辛勤指导。这也是我第一次做乡村规划方面的设计，也是第一次感觉到项目合作的重要性，我们每个人都做着自己擅长的部分，效率很高，稳扎稳打地度过了五个月的时间。在后期的设计中，我们多次对石臼村的现状进行分析，在我的大学生活中，我第一次如此细致地对村庄进行了解，这将是我未来细致认真调研的一个标杆。另外，非常感谢六校老师们的辛苦指导。

冯博文

伴随着各个院校学生精彩的汇报，在吉林建筑大学北方六校联合毕业设计落下帷幕，能够参加本次联合毕业设计对于我来说是一次特殊的、宝贵的经历。从专业的角度：在大学的最后四个多月，使得一直不太擅长的乡村规划得到了完整的规划与设计的锻炼。从生活的角度：在六校联合毕业设计的过程中，虽然我们来自六个不同的城市，但就在短短的相处中，我们互相成为了挚友。在此我要向两位导师表达最诚挚的谢意，在四个月的时间里，不管专业问题还是生活问题都为我们解决，他们负责的态度和严谨的专业知识都让我学到了很多，使得我在专业的各个方面都有所提升。我要感谢我的队友和自己，在这段时间，队友间的相互扶持、相互理解让我感受到合作的重要性，也磨炼了我自己的意志，感谢我们三个一起熬夜熬不动的日子，感谢一起讨论方案面红耳赤的日子，感谢一起拖着疲惫的身体去答辩的日子，感谢答辩完走哪睡哪的日子。本次的联合毕业设计是我大学的最后一次设计作业，通过五年的大学生活和最后一次的联合毕业设计使我明白了，低年级时候对自己的质疑都是错误的，凡事唯有厚积，才有薄发。

刘 耀

很荣幸参加了今年的北方规划教育联盟联合毕业设计，从寒冬的天津到酷暑的吉林，这段经历让我无法忘怀。在这短短的五个月，我认识到许多其他高校的老师和同学，经过初期调研、中期答辩、终期答辩，了解到了不同的规划教学方法，不同的思考方式。在调研报告上认识到其他高校的人才，发现自身的不足之处，鼓舞着我要更加努力。在设计过程中，意识到队员之间的交流是极其关键的一个环节，各抒己见认识到亮点和不足。

此外，我特别感谢我们的指导老师——荣老师和王老师，老师们不辞辛苦地指导，时刻培养着我们的规划素养。也感谢组员们对我的信任、对我的帮助，感谢队员们的奋战。

吴举政

石臼村

Design 引"源"入臼，破"臼"之围

YINYUANRUJIUPOJIUZHIWEI

——基于CAS理论下的石臼村乡村规划与设计 01

规划背景

≫ 政策背景—乡村发展新的契机

≫ 社会背景—乡村发展不适应

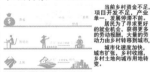

当前乡村资金不足、项目开发不足、产业单一，发展停滞不前的居民为了寻求更好的就业机会，获得更多的劳动报酬，大量的劳动力由乡村转移到城市，城市化速度加快，城市扩张，乡村式微，乡村土地向城市用地转变。

≫ 现实背景—乡村当前问题

区位分析

地理区位：

天津市　蓟州区　穿芳峪镇　石臼村

经济区位：

≫ 交通区位：

规划范围划定

规划范围划定：石臼村为穿芳峪镇的西门户，省道301穿过村域范围，但现状村庄的重要出入口位于东边村庄—芳峪村、部分民居建设超越村界，且村庄发展核心位于两村交界处，而芳峪村的村庄主题功能主要集中在东边，距离石臼村较远。为可与芳峪村商讨进行土地租赁或者购买，因此本次规划范围跨域村界，规划设计了芳峪村用地以求更好的村庄发展。

技术路线

| 背景 | | 规划背景 | 区位分析 | 上位规划 | 旅游资源 |

现状认知：地理环境｜人口结构｜产业与经济｜村庄建成环境｜区域市场

核心问题：产业落后｜社会关系单薄｜空间活力不足｜生态破坏｜文化传承薄弱

项目定位：具备乡村文化的游憩型自组织村庄

总体策略：社会关系策略｜产业策略｜空间策略

社会关系对策｜产业对策｜文化对策｜生态对策｜村庄建设对策

石臼村村庄详细设计

详细设计：综合服务中心设计｜专项服务中心设计｜家庭单元设计｜公共空间设计

节点设计

土地与人口

人口结构

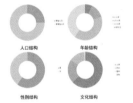

人口结构　年龄结构

性别结构　文化结构

村内共有自然户45户，大约150人，村民年龄多在60岁左右，儿女进城务工。老龄化、空心化问题严峻。

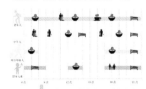

村内由老年人、中年人、外出年轻人、留守儿童构成，年轻人外出打工，中老年人种植，以满足日常生活需求。

上位规划

村域土地利用现状

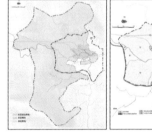

村域范围内现状主要为农业用地和林业用地，建设用地较少，较为自然。

村庄土地使用现状

村庄用地使用现状一览表

用地代码	用地名称	用地面积(m2)	占村庄建设用地比(%)
V1	村民住宅用地	4.48	75.42%
	集体居住用地		
V2	村庄公共服务用地	0.3	5.05%
	其他	0.22	3.70%
	村庄公共设施用地	0.17	2.86%
	其他	0.05	0.84%
V3	村庄产业用地	0	0.00%
	其他	0	0.00%
V4	村庄基础设施用地	1.34	22.56%
	其他	1.01	17.00%
	村庄其他建设用地	0.23	3.87%
V9	村庄建设用地	5.94	100%

规划范围内的用地主要为农林用地。作为小规模行政村，石臼村内的建设用地主要为村民住宅用地，仅有少数的三处混合住宅用地兼有农家乐的功能，村庄内仅有一处公共服务用地。

上位规划

京津冀区域空间格局示意图

京津冀协同发展，调整优化城市布局和空间结构，构建现代化交通网络系统，扩大环境容量生态空间。

蓟州区旅游发展规划

蓟州区旅游发展规划中定位为山地型乡村休闲度假旅游区。

蓟州区城乡总体规划 2016

2016年的蓟州区城乡总体规划中穿芳峪镇定位为蓟州区综合休闲旅游区。

天津市城市总体规划 2005-2020

2005-2020年的天津市总体规划中蓟县（蓟州区）的定位是蓟县山地生态环境建设和保护区。

穿芳峪镇总体规划 2016-2030

穿芳峪镇地处山区，镇域内农林用地与与园林用地占绝大部分。

穿芳峪镇总体规划 2016-2030

将石臼村定位为穿芳峪镇的产业规划中特色民宿。

Design 引"源"入臼，破"臼"之围
YINYUANRUJIUPOJIUZHIWEI
——基于CAS理论下的石臼村乡村规划与设计 02

产业现状

镇域产业

农业总体布局图

工业总体布局图

服务业总体布局图

第一产业

石臼村产业中经济果林所占比重90%，村民主要的经济来源，主要经济作物有柿子、核桃栗子，红果等。其中柿子为重中之重，为村名带来绝大部分收益。

石臼村的产业中粮食种植所占比例很小，约占5%，其中主要粮食作物是玉米与南瓜，粮食作物主要与天气原因有关，灌溉条件不足。

柿子产业分布图　　核桃产业分布图

梨产业分布图　　栗产业分布图

种类	柿子	核桃	桃	梨	栗子	红果	玉米	南瓜	
月份									

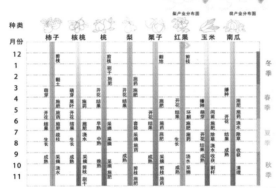

冬季　春季　夏季　秋季

旅游资源

蓟州区旅游资源

蓟州区旅游资源

蓟州区市场分析

25%
65%

蓟州区
一级市场
二级市场
三级市场

石臼村旅游资源

各资源分布情况

历史资源　地块　非物质资源　自然资源

资源种类情况

筑事旧　历史资源　地块　非物质资源　山水林田　自然资源植

第三产业

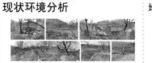

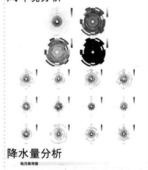

臼村的产业中农家乐产业所占5%，由于村中资金不足以及竞争激烈例如其附近的西井裕村，所以导致石臼村的农家乐产业比重下降甚至消失。

现状游客活动：

游憩　住宿　探亲
村民个体
容生农家乐　桃园休闲馆
游客

村庄内的第三产业孤立无援，难成规模效应，经营模式单一，活动体验无趣。

地理环境分析

现状环境分析

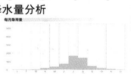

环境脏乱、部分生活垃圾在土壤环境中被分解，污染土壤。

风环境分析

降水量分析

每月降雨量

石臼村月平均降水量将近50ml；主要集中在7、8月份大约为180ml冬季降水量极少。

生物多样性分析

视平线+抬头可看见的植物（1-5m）

红果树　国槐　李子树　刺槐
柿子树　梨树　核桃树　栗子树

低头可看见的植物

枸杞　大花雪草　紫叶小檗

较无特殊的动物种类及村民养殖品种

鸡　鸭　鹅　狗　猫　珍珠鸡
猪　麻雀　燕子　喜鹊　鸽子　候鸟
狐狸　野猪　白头翁　蝴蝶　甲虫

GIS分析

地表高程分析

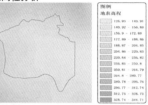

图例
地表高程

坡向分析

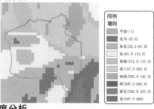

图例
坡向

坡度分析

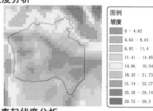

图例
坡度

地表起伏度分析

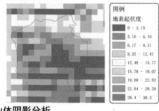

图例
地表起伏度

山体阴影分析

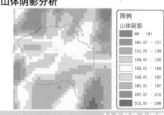

图例
山体阴影

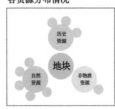
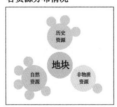

Design 引"源"入臼，破"臼"之围
YINYUANRUJIUPOJIUZHIWEI
——基于CAS理论下的石臼村乡村规划与设计 03

居住条件分析

建筑院落　建筑年代　建筑肌理　建筑功能　建筑高度　建筑风貌

现状景观

道路景观　军事用地　入口　河道景观　村内景观　道路景观　生态破坏　清代建筑

建筑材料

建筑质量

建筑材料

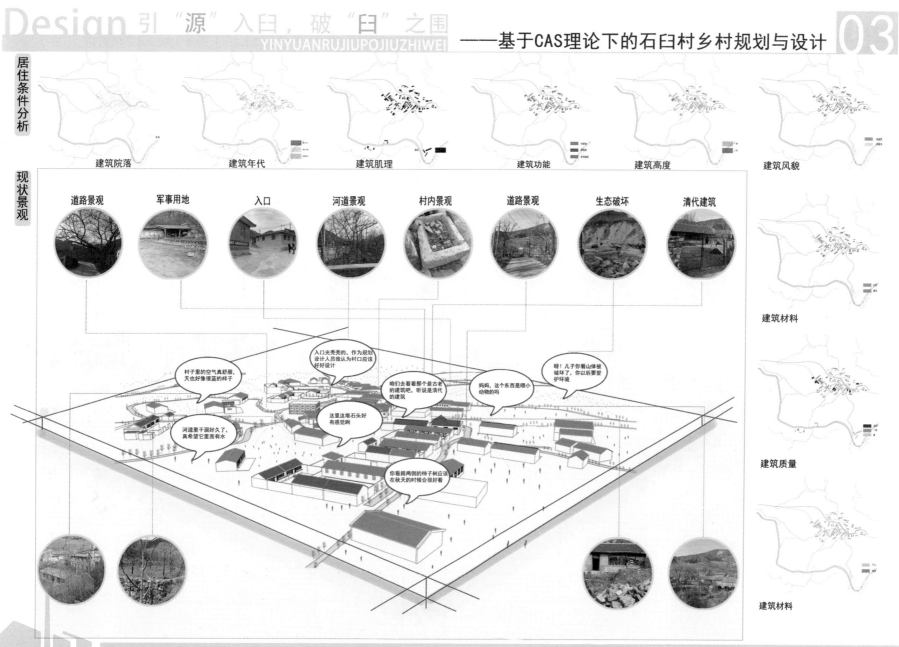

Design 引"源"入臼，破"臼"之围
YINYUANRUJIUPOJIUZHIWEI
——基于CAS理论下的石臼村乡村规划与设计 04

核心问题

PICTURES　KEYWORDS　TYPE　PICTURES　KEYWORDS

种植业
第二产业
农家乐

社会
空心化
社会关系
留守

建设
生活环境
道路
建筑

山体沙化
岩层裸露
河道问题

古树
古建
古井

问题总结

产业落后 → 社会关系单薄 → 文化传承薄弱 → 生态破坏 → 空间活力不足

规划定位

目标建立

产业落后：

社会关系单薄：　营造一个具有乡村文化的游憩型自组织乡村

文化传承薄弱：　项目定位

生态破坏：　以山水自然为本底的，以精品民宿、休闲度假、乡村体验为主体功能的山地特色乡村。

空间活力不足：

规划策略

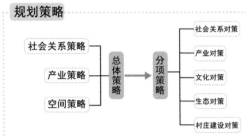

社会关系策略
产业策略
空间策略
→ 总体策略 → 分项策略 →
社会关系对策
产业对策
文化对策
生态对策
村庄建设对策

村庄规划

村域空间管制规划图　　村域土地使用规划图　　村域功能结构规划图　　村庄土地利用规划图　　村庄建设用地平衡表　　村庄功能结构规划图

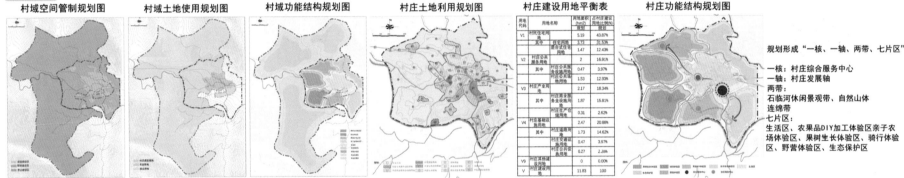

用地代码	用地名称		用地面积(hm²)规划	占村建设用地比例(%)
V1	村民宅用地		5.19	43.87%
	其中	住宅用地	3.73	31.53%
		混合式住宅	1.47	12.43%
V2	村庄公共服务用地		2	16.91%
	其中	村庄公共服务设施用地	0.47	3.97%
		村庄公共场地用地	1.53	12.93%
V3	村庄产业用地		2.17	18.34%
	其中	村庄商业服务业设施用地	1.87	15.81%
		村庄生产仓储用地	0.31	2.62%
V4	村庄基础设施用地		2.47	20.88%
	其中	村庄道路用地	1.73	14.62%
		村庄交通设施用地	0.47	3.97%
		村庄公用设施用地	0.27	2.28%
V9	村庄其他建设用地		0	0.00%
V	村庄建设用地		11.83	100

规划形成"一核、一轴、两带、七片区"
一核：村庄综合服务中心
一轴：村庄发展轴
两带：
石临河休闲景观带、自然山体连绵带
七片区：
生活区、农果品DIY加工体验区亲子农场体验区、果树生长体验区、骑行体验区、野营体验区、生态保护区

总体策略

》社会关系策略

1：还原原有村庄的社会关系
大多数青少年离村打工，原有血缘关系和地缘关系受到一定程度的破坏，所以依据CAS进行血缘关系和地缘关系的还原。

2：建立新的紧密的集体联系
将原有的社会关系进行更新，建立师生关系，消费关系，同事关系等集体联系。

》产业策略

1：引导产业发展，协调资源配置，提供资本和技术支持。

2：引进先进生产信息，建立新型生产关系。
优化产业，注入第三产业，进行产业升级，一产三产共同发展。

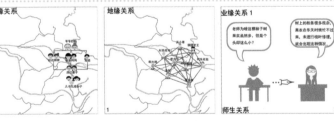

血缘关系　地缘关系　业缘关系1　　业缘关系2　　业缘关系3　　业缘关系4

师生关系　消费关系　同事关系　雇佣关系

留守村民 → 生产模式重塑 → 土地入股/资金入股 → 依托村委

规划政策申请/政策支持+补贴+产品监督 → 上级政府
农产品+果林经营权/资本合作 ← 私人投资
资金支出/技术指导 ← 高校资源
合作关系/技术指导+产品监督+销售协助 ← NGO组织

外迁村民

村外社会网络关系资源反哺

种植　观光　亲子　骑行　DIY

Design 引"源"入臼，破"臼"之围
YINYUANRUJIUPOJIUZHIWEI
——基于CAS理论下的石臼村乡村规划与设计 05

» 空间策略

优化空间结构： 改善原有混乱的空间，系统的进行结构规划，使其有主有次地发展

混乱性　系统化

完善区域路网： 改善区域路网的分离，疏通整个区域路网，做到区域共同快速发展

分离性　疏通性

提高服务等级： 使地块不仅当地服务，也为周边区域发挥作用

流入　溢出
流入性　溢出性
区域服务能力　村子所需服务能力　现有服务能力　区域服务能力　村子服务能力　村子所需服务能力

提升景观质量： 对景观进行系统设计，提升景观质量，构建景观活动空间

均质性　系统化

升华地块资源： 改善原有混乱的空间，进行结构规划，使其有主有次地发展

单一性　整体性

历史　建筑　空间　山体　文化

建筑策略	道路策略	公共活动	院落活动
修建：　平面　立面　房屋加固，立面粉刷	疏通　车行	公共活动　文保服务　利用文保范围组织活动	疏落活动　拆除废弃民居
翻建　拆除原房，就地重建新房，翻建建筑	重组　人行	广场　非广场　广场	重组院落
新建　新建建筑，满足规划后需要	疏通　人行	组团空间	新建合院

分项对策 社会关系更新-CAS系统

村庄现状系统

危房　传统建筑　新建建筑　清代建筑　山体　村道　黑林　农田　防洪渠

朋间　农家乐经营者　村委会　游客

自主组织　住农家乐　本地生活　散步　爬山　泡话　DIY加工　种植　耕地　跑步　登高　套圈　收获果实　师长　管理院落　放养

生活区　黑林　生态保护区

运营系统　作用于　基本系统　构建　时空系统　形成　村落功能

村庄规划后CAS系统

民居　经营村民　引入技术　游客

园间住宅　住农家乐　民宿　广场　公园　绿地　野营空地　村道　林间小道　扬行通道　盘山道　山体　森林　黑林　农田　防洪渠　石臼

良主组织　取山消费　吃农家乐　野外露营　农家乐　本地生活　散步　玩水　游客　跑步　登高　套圈　DIY加工　攀缘岩壁　采莲　踏清　跑马　垦荒　山峰　科普

生活区　野营体验区　亲子农场体验区　采莲生长体验区　衣果品DIY加工体验区　垦行体验区　生态保护区

运营系统　作用于　基本系统　构建　时空系统　形成　村落功能

社会更新模式演绎

主体增加　运营系统　主体增加　基本系统
时空系统（行为活动增加）

还原应障关系、地缘关系，建立新的集体的紧密联系

社会关系得以更新

总结：
从三个不同的层次增加主体，即增加运营系统、基本系统的主体，从而产生在时空系统的行为活动增加。还原血缘关系、地缘关系，建立了新的集体的紧密联系，使得整个社会关系得以更新。

规划理念构想

释义　复杂适应理论（COMPLEX ADAPTIVE SYSTEM）是美国霍兰教授于1994年提出的。CAS理论包括微观和宏观两个方面，在微观方面CAS理论的最基本概念是具有适应能力、主动的个体，简称主体。

时空系统　形成　基本系统　作用于　运营系统

政府　开发商　学者　公众　原住民
更新主体　更新主体

理念演绎

源　源

个体主体　群体主体
环境主体

CAS
村落现状　再组织　自组织
CAS

人工建设主体

破　破

空间的规划　土地利用规划　道路系统规划　公共服务设施规划

非空间的规划　经济模式　管理模式　社会方面

特性演绎　定义

自组织　共生性　多样化　强连接　产业集群　开放性　超规模效应　微循环　自适应　协同

系统演化的动力本质上是源于系统内部，微观主体的相互作用生成宏观的复杂现象，其研究思路着眼于系统内在要素的相互作用，所以它采取自下而上的研究路线，其研究深度不限于对客观事物的描述，而是更着眼于揭示客观事物构成的原因及其演化的历程。

Design 引"源"入臼，破"臼"之围
YINYUANRUJIUPOJIUZHIWEI
——基于CAS理论下的石臼村乡村规划与设计 06

》产业对策

对策一：构建一二三产融合发展 整合第一产业资源

01. 经济果林主要分为柿子、梨、核桃、桃子。

02. 农业种植主要为南瓜、玉米，并植入易生长的花椒芽菜。

农场养殖营造

营造生态养殖循环方式，将牲畜与花椒芽菜、蘑菇养殖与农作物结合，形成相互依赖、相互促进的发展经济。实现种养结合的循环经济。

一二三产融合发展：

01. 农果品DIY加工体验区：利用果树、农作物产品在DIY区的工作坊进行初次加工，体验古代粮食加工流程。

02. 野营体验区：野营区通过托车营、常规、宿营的模式进行野营体验。

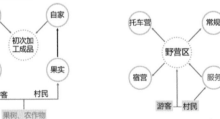

对策二：提高第三产业服务业
（一）民宿与农家乐
盈利模式

村民与政府合作，首先对民宿与农家乐进行改建，并独立运行。

民宿与农家乐由村内的村民小组统一管理，采用与政府合作的方式进行。并通过综合服务中心和专项服务中心统一对外服务，各服务点单独消费。

村民小组		政府合作	
专项服务中心	综合服务中心	主题民宿	民宿商业	主题民宿
		运营收益		运营收益

农家乐改造模式

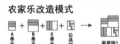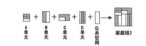

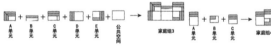

提高服务质量：

01. 服务内容：提供个性化服务、人情味服务；
02. 服务要求：区别服务对待，提供灵活性的服务；
03. 服务态度：热情、主动、礼貌尊重、陈恳、及时；
04. 服务质量：切实解决了客人难以处理的问题、服务超出了客人的心里预期、服务形式得体、考虑周全；
05. 服务标准化流程：服务是具有时间性和空间性，贯穿着客人预订、入住、离开三个阶段；
06. 服务执行：民宿进行人员服务培训，提高服务意识及服务能力、服务内容流程化。

（二）构建乡村游憩体系
村庄游憩功能定位

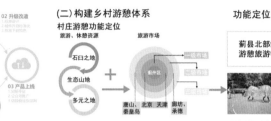

村庄游憩空间规划
村庄游憩空间规划一点

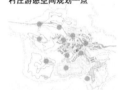

村庄游憩空间规划一线

村庄游憩空间规划一面

功能定位

蓟县北部综合休闲休闲区的游憩旅游特色村

村庄旅游时节规划：

春季主要以观赏、爬山、民宿、农田认领等活动。

夏季主要以骑行为主，并且结合避暑民宿、亲自农场体验、体验农事等活动。

秋季主要以果实采摘、爬山、民宿、DIY加工、放养等活动为主。

冬季主要以休闲游玩为主，有民宿、体验春节、农事等活动。

3	4	5	6	7	8
9	10	11	12	1	2

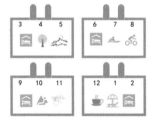

》文化对策

更新策略：
01. 标志已经消失的文化空间空间重塑/历史标识/改造为其他功能
02. 唤回无活力的空间生态改造/设施改造/可达性提升

更新对象：
01. 两座清代的建筑保护历史资源，并对其进行更新，改造成文化博物馆，用以存放村庄历史性文物。

更新对象：
02. 一处军事用地，拥有抗日记忆。
改造其功能为公园，但其主题仍然具有红色精神，为红色纪念园。

更新对象：
03. 一处古井。
这口古井养育了村子好几代人，作为村民，也该牢记它，为其设计一个开放空间加以记忆。

更新对象：
04. 两棵上百年的古树。
由于古树资源的稀缺，需要保护好古树，并能够改造其周边空间为公共活动空间，为村民提供便利。

更新对象：
05. 村子入口处有一块石碑。
石碑记载着石臼村村名的由来，不仅蕴含着历史文化，也是村庄的一项标志。

Design 引 "源" 入臼，破 "臼" 之围
YINYUANRUJIUPOJIUZHIWEI
——基于CAS理论下的石臼村乡村规划与设计

» 生态对策

构建生态格局
构建 "一带、一河、一廊、四区" 的生态格局：

优化生态本底
山体修复：

01. 针对村庄内的贫瘠山体，进行宗地修复，山体复绿；
02. 因山体而异，因村庄功能布局而异进行山体修复，活化山体功能。

营造多样活动，打造滨水公共活动带

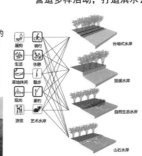

台地式水岸

跌落式水岸

自然生态水岸

山石水岸

串联构想

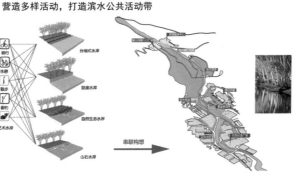

河岸设计
河岸空间设计

素与乡村要素相辅相成

乡村要素 / 自然要素

01. 自然要素与乡村要素相辅相成。

02. 扩大水域。

03. 营造台阶式蓄水池

04. 连结各区域。

» 村庄建设对策

构建道路交通网络
疏通道路体系

结构优化，优化村庄道路等级，完善体系。

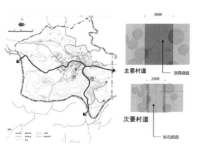

道路升级，路网加密

主要村道 沥青路面

次要村道 砾石路面

疏通慢行体系
路线规划，节点设计

增加配套，绿色出行

完善村庄设施
完善公共服务设施

新建公共附属设施点，为村庄的生活、生产提供便利，为村民提供优质的生活条件。

综合服务中心：

专项服务中心：

书吧：

完善市政基础设施
增设市政基础设施

公厕建设：

粪便处理：

地平面 / 检查进河孔

pvc进水管 / pvc出水管

一级厌氧室 / 二级厌氧室 / 澄清室 / 沙垫层

构建和谐宜居乡村环境
改造建筑，提高品质

针对村庄建设现状和人口结构，依据规划设计的内容，未来村庄居住模式大概分为六类：

留守儿童和空巢老人院落

多代同居院落

沿主街的商住混合院落

传统院落改造成民宿

传统院落改造成农家乐

潜力空间挖掘
建筑色彩引导
屋顶色彩青灰色和红褐色为主；墙面以原石色、暖灰色暗黄色为主；门窗色与墙面色彩一致。

屋顶：

墙体：

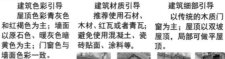

建筑材质引导
推荐使用石材、木材、红瓦或者青瓦，避免使用混凝土、瓷砖贴面、涂料等。

建筑细部引导
以传统的木质门窗为主；屋顶以双坡屋顶，局部可做平屋顶。

优化公共活动
滨水开放空间营造

现状河道 / 规划河道

利用河道现状的形态结构，以及周围环境的生物多样性，丰富现状河道景观。

对植物设计加以利用，使沿河林带、有着丰富的景观效果和空间体验。

视觉廊道分析
视觉廊道分析图

根据现状地形高差以及规划设计的村庄建设布局和开敞空间的营造，采用视觉廊道的设计手法，为游客提供良。

好的景观环境，做到移步换景，促进村庄的发展。

Design 引"源"入臼，破"臼"之围
YINYUANRUJIUPOJIUZHIWEI
——基于CAS理论下的石臼村乡村规划与设计

▶▶ 优化绿化景观体系

道路景观设计

水平

下凹

上凸

斜坡

滨水

水平：道路平面与周边环境位于同一水平面上，其周边地形适合种植高大乔木。

下凹：道路平面下沉与周边环境，类似于"谷"的地势，其周边地形可随高度的增加种植。

上凸：道路水平面高于周边环境，类似于"脊"的地势，其周边地形可随高度的减少种植。

斜坡：道路水平面与周边环境为单坡，与周边环境完美融合，也可在斜坡上进行玩耍。

滨水：道路滨水，空间较为开放，亲水性强，空气良好。

村庄内部景观设计

墙角景观设计

增加墙角绿化在主要道路沿线的建筑、重点墙角，以及驳坎上可种植色彩丰富的低矮小乔木灌木。

在复杂混乱的乡村居民建筑间，增加绿化种植色彩丰富的矮灌木和小乔木，辅助增强建筑的肌理感。

庭院绿化景观设计

强化院落绿化在主要道路沿线的建筑、重点院落，主要以灌木、乔木为主，在通透的院落可多加种植低矮花草。

增加节点性院落的绿化，在重要的公共空间对景处可设置特殊景观以示呼应。

村庄内重要公共空

增强村庄内军事基地的纪念性意义，对其进行活化设计，运用纪念性构件进行景观丰富。

优化陡坎周边环境，在陡坎5米以内空间种植低矮灌木、花草，弱化垂直空间。

景观标识配置

对标识的尺寸、风格、字体、颜色、位置和材质等进行景观设计，以创造统一、层次分明的景观标识系统。景观标识设计满足准确性和实用性。

村庄名片展示

道路景观标识设计

景点景观标识

配套设施景观标识

人群活动日志

村内	0:00	2:00	4:00	6:00	8:00	10:00	12:00	14:00	16:00	18:00	20:00	22:00	24:00
小孩					起床早餐	幼儿园嬉戏		午饭午休	幼儿园嬉戏	下课回家	学习睡眠		
林业工作者				起床早餐	耕种养殖苗木培育		午饭午休	苗木家畜看护打牌	采购	晚饭散步	合作社交	睡眠	
民宿经营者				起床早餐	清理卫生安全以及住宿情况		午饭午休	提供咨询办理入住退宿	晚饭散步	总结情况	睡眠		
工作坊负责人				起床早餐	准备材料接待参观团队		午饭午休	接待参观团队提供管理服务	晚饭散步	统计账单	睡眠		
野营区负责人	睡眠		起床早餐	场地卫生清理接待游客材料准备安全检查		午饭午休	办理离营清理场地	晚饭夜场准备	管理服务	总结一天			
骑行区负责人				起床早餐	赛道检查接待游客安全检查		午饭午休	退车管理服务整理车辆	清理晚饭	统计车辆问题	总结睡眠		
农场负责人				起床早餐	耕种养殖卫生安全除草		午饭午休	科普农业	服务管理	晚饭散步	统计农场各区	睡眠	
老年人				起床早餐	锻炼	打理菜园照顾小孩	午饭午休	串门下棋打牌休闲	晚饭聊天	听戏相声	睡眠		
村外													
游客					起床早餐	游玩各区	午饭歇脚	游玩各区	住宿或返回	参加活动	睡眠		
引进的技术人员					起床早餐	对各区进行技术指导	午饭午休	对各区进行技术指导	返回	总结技术问题	睡眠		

复杂适应性系统分析

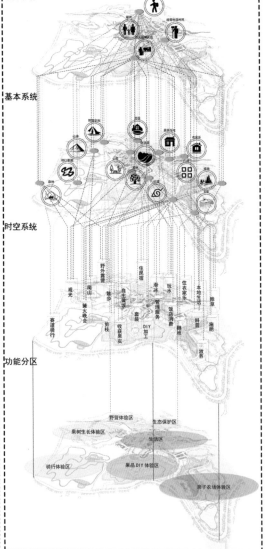

运营系统

基本系统

时空系统

功能分区

Design 引 "源" 入臼，破 "臼" 之围

YINYUANRUJIUPOJIUZHIWEI ——基于CAS理论下的石臼村乡村规划与设计 **09**

总平面图

1 亲子农场管理中心

2 亲子游玩区

3 综合服务管理中心

4 DIY工坊

5 红色纪念广场

6 柿园

7 柿臼·芜山

8 柿臼·零露

9 柿臼·归林

10 柿臼·暮耕

11 乡村文化纪念馆

12 乡伴·石居

13 乡伴·水居

14 乡伴·林居

15 乡伴·田居

16 乡伴·山水居

17 乡伴·田园居

18 骑行区服务中心

19 果树生长体验中心

20 野营区服务中心

21 临河晚亭

22 景观廊道

23 观景栈道

24 观景平台

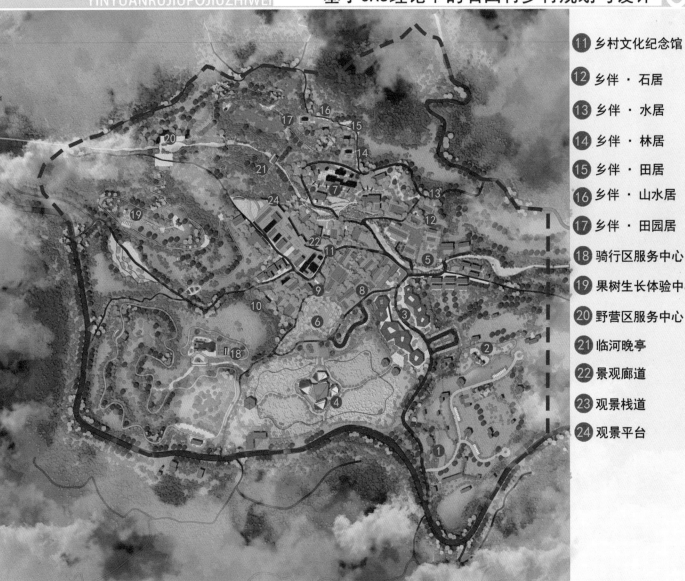

Design 引"源"入臼，破"臼"之围
YINYUANRUJIUPOJIUZHIWEI
——基于CAS理论下的石臼村乡村规划与设计 10

总体鸟瞰图

Design 引"源"入臼，破"臼"之围
YINYUANRUJIUPOJIUZHIWEI
——基于CAS理论下的石臼村乡村规划与设计

1.1

节点详细设计专题

陡坎广场详细设计

红色纪念广场

游憩活动广场

骑行区服务中心

骑行区二级驿站

综合服务中心

立面1

立面2

立面3

果树生长区盘山道入口

Design 引"源"入臼，破"臼"之围
YINYUANRUJIUPOJIUZHIWEI　——基于CAS理论下的石臼村乡村规划与设计

建筑改造专题

乡伴·山水居

乡伴·水居

乡伴·林居

乡伴·田居

立面图1
立面图2
立面图1
立面图2
立面图3
立面图1
立面图2
立面图3
立面图1
立面图1

Design 引"源"入臼，破"臼"之围

YINYUANRUJIUPOJIUZHIWEI

——基于CAS理论下的石臼村乡村规划与设计

建筑改造专题

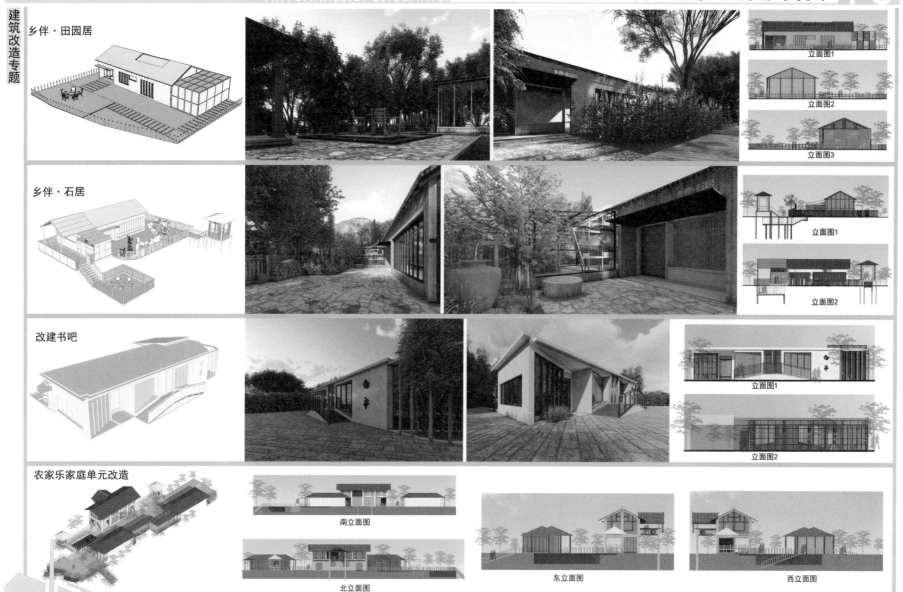

乡伴·田园居

立面图1

立面图2

立面图3

乡伴·石居

立面图1

立面图2

改建书吧

立面图1

立面图2

农家乐家庭单元改造

南立面图

北立面图

东立面图

西立面图

柿井乡愁

天津市蓟州区乡村规划与设计
Village planning and design of
dongjingyu village, jizhou district

01 何为乡愁 · 基地现状
背景　区位　现状问题　基地资源

东井峪村

总体框架

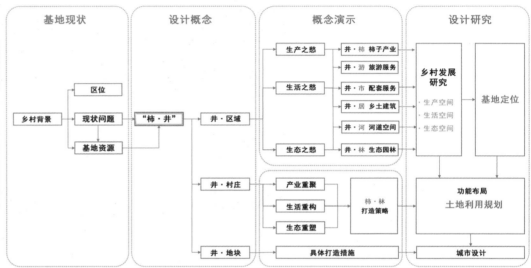

现状研究技术路线

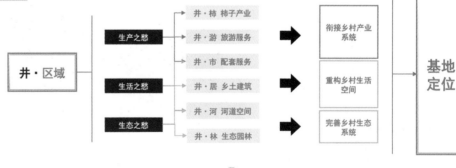

课题背景

十九大报告中明确提出"实施乡村振兴战略"是全党工作重中之重，要坚持农业、农村优先发展，按照"产业兴旺、生态宜居、乡风文明、治理有效、生活富裕"的20字总要求，建立健全城乡融合发展的体制机制和政策体系，加快推进农业、农村现代化。"乡村振兴战略"，不仅是经济发展的需要，也是生产方式、生活方式转型的需要，更是由城市偏斜到城乡融合，实现中国社会平衡发展、充分发展的需要。乡村振兴是一种新思维，它将唤起乡村精神的回归、互联网时代的新型农耕文化的复兴。

区位

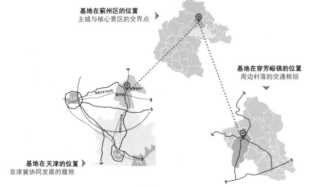

基地在蓟州区的位置
主城与核心景区的交界点

基地在穿芳峪镇的位置
周边村落的交通枢纽

基地在天津的位置
京津冀协同发展的腹地

研究范围

第一层面 1590.22 km²
蓟州区
产业及市场研究

第二层面 49.49 km²
穿芳峪镇
镇村体系职能研究

第三层面 5.86 km²
东井峪村村域范围
选地优化

第四层面 0.32 km²
本次规划所选择的设计用地
村庄规划

学生：刘明昊、王圣雯、周强
指导教师：荣丽华、王强
学校：内蒙古工业大学

柿井乡愁

天津市蓟州区乡村规划与设计
Village planning and design of dongjingyu village, jizhou district

02 何为乡愁 · 基地现状

背景　区位　现状问题　基地资源

生产之愁

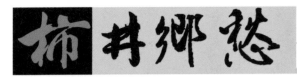

销量之愁

区位之愁

旅游之愁

人口之愁

发展之愁

>>> 销量之愁：以"柿"载道，有产难销

蓟州区产业布局

东井峪村经济与产业现状

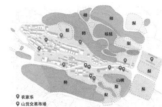

蓟州区柿子产业现状

01农业定位：
山区休闲农业发展区

02工业定位：
绿色制造业基地

03服务业定位：
北部原生态山水
休闲旅游示范区

产业类型：
第一产业——种植业、养殖业
第二产业——柿子家庭加工
第三产业——农家乐

产业比例：
第一产业 62%
第二产业 36%
第三产业 2%

收入：
农业种植人均年收入8000元
农家院年收入8-10万
外出打工年收入10万

北部柿子产区 穿芳峪镇 罗庄子镇
下营 孙各庄镇
西部柿子产区 邦均镇 官庄镇
许家台镇 白涧镇

种植面积：6万亩
年产量：3万吨
亩产值：5000斤（max）
采摘：200kg/人/天
批发价：1元/kg

>>> 区位之愁：四郊多"垒"，居中难赢

区位评价

01交通区位：
横纵交界点

02经济区位：
山区特色农产品供给区域

03旅游区位：
蓟州区旅游门户
山区特色旅游发展区

● 基地位置
● 周边城镇

>>> 旅游之愁：盘山多"景"，景难留情

蓟州区旅游市场现状

蓟州区资源分布

15% 20% 10% 11% 45% 29%

旅游景区：
盘山景区一枝独秀

农家院落：
蓟州区农家乐主要为
住宿+"两正一早"

18-50岁
110-120
90%
10%

蓟州区旅游评价：

现在并未建构核心旅游吸引物流
体系，因而蓟州区景区景点整体运
营效果良莠不齐。
旅游消费市场逐年递增，但游客
来到蓟州区旅游消费始终保持在
较低水平。
蓟州区乡村旅游持续高速发展。

>>> 人口之愁：似云流转，"忘"却乡音

蓟州区劳动力布局

东井峪村人口与经济现状

01人口就业：
城乡就业平衡区

02人口流动：
劳动力大量长期供给区域
人口外流严重

03居民文化：
文化多样，百花齐放

19% 4% 40% 80% 18% 65% 36%
64% 16% 60% 2%

年龄 村外工作 文化水平 邻里关系

可用
劳动力所
占比 60% 40%
村民140户

镇守
村民
性别
占比 70% 30%

劳动力外流，文化水平偏低，地缘关系经过时间的沉淀，由原来递增，到现在存在一定的血缘关系。

>>> 发展之愁：覆土难"伸"，产业难行

坡向　　坡向　　高程

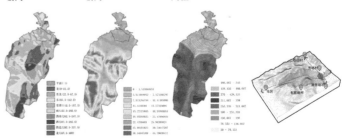

学生：刘明昊、王圣雯、周强
指导教师：荣丽华、王强
学校：内蒙古工业大学

2019/北方规划院校联合毕业设计成果
North Planning Colleges And Universities Joint Graduation Design Results

|| 175

栖井乡愁

天津市蓟州区乡村规划与设计
Village planning and design of dongjingyu village, jizhou district

03 何为乡愁·基地现状
背景　区位　现状问题　基地资源

生活之愁

配套之愁

风貌之愁

旅游之愁

人口之愁

生态之愁

失河之愁

▶▶ 配套之愁：镇远城偏，配套难"营"

公共服务设施现状

01镇区服务范围有限
02镇城西部，北部公共服务设施较少

问卷满意度调查

对于服务设施的满意程度　对于公共空间的满意程度　对景观环境的满意程度　对道路交通的满意程度

缺少医疗
商业、文化及养老等服务设施。

公共空间利用率不高，环境质量差，缺少休闲、集会、健身等活动场地。

自然景观资源丰富但河流量，观退化，缺少观景及参与类景观活动空间。

道路可达性有所提升，穿村道路缺少安全防护措施。

需求认知分析

使用人群　活动密度
5:00　12:00　18:00　21:00

居民
儿童
游客
公共

活动形式

村庄市政基础设施现状

▶▶ 风貌之愁：古风已逝，新"衣"何求

建筑现状

▶▶ 交往之愁：邻里失"声"，用地失衡

村庄现状土地利用

图例　用地

▶▶ 管理之愁：无"约"不通，上下阻隔

现状组织关系

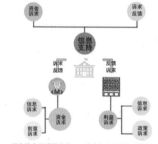

现有社会关系网络单一，政府在乡建建设过程中承担了大量职责，村民致富依赖政府政策

▶▶ 失河之愁：村曾有溪，与尔同"嬉"

河道内杂草丛生，河道生态功能遭到破坏，景观环境质量差。

河道内部石块堆积，建筑垃圾堆放，空间环境受到污染。

河床裸露，土壤的稳定性遭到破坏，存在塌陷的危险。

河道内生活的杂物及垃圾乱扔乱放，使河流的生态功能降低。

通行道路与河道共存，河流存在消失的危险，对生态造成严重威胁。

河床与地面夹角大于60度，护坡的稳定性不够，存在潜在危险。

▶▶ 失景之愁：村曾有"场"，与尔同赏

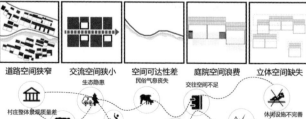

道路空间狭窄　交流空间狭小　空间可达性差　庭院空间浪费　立体空间缺失

学生：刘明昊、王圣雯、周强
指导教师：荣丽华、王强
学校：内蒙古工业大学

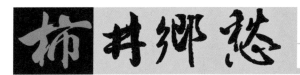

天津市蓟州区乡村规划与设计
Village planning and design of dongjingyu village, jizhou district

04 何解乡愁 · 概念演绎

概念　策略　方案生成　土地利用

乡愁汇总

| 生产之愁 | 销量之愁　旅游之愁　发展之愁
区位之愁　人口之愁 |  |

| 生活之愁 | 配套之愁　风貌之愁
交往之愁　管理之愁 | |

| 生态之愁 | 失河之愁
失景之愁 |  |

概念提出

"柿井 · 乡愁"

东井峪村发展模式：
在村庄发展腹地紧缺与公共空间稀缺的背景下，以村庄资源为切入点，以"井——秩序"的系统更新以及核心产业的多侧面培育为手段，重建乡村的三大系统

柿 - 柿作为村子的禀赋优势，将作为村庄发展的推动器
井 - 井象征了一种秩序，以井作为纽带，串连村庄的各个系统，达到各个系统的均衡发展

"井"是"柿"的保障　　"柿"是"井"的目标

规划目标

以柿子加工、旅游集散、民俗体验为主，集文化、娱乐和生态为一体的服务北部山区柿子加工村。

基地定位

"柿"- 基地以柿而生，经过百年历史成为区域的一种文化精神　　"景"- 紧邻多个景区，周边旅游资源丰富

现状分析　综合评价　乡愁分析

作为一个发展受到用地限制的资源型乡村。为了让基地快速发展。必须联动周围、与周边四镇协同发展。

作为未来主城与主景观区的枢纽节点。两大地区的发展，必然带动基地发展。

生活　产业　生态

基地定位：
休闲生态的 田园养生之所
产文互动的 娱乐柿井之村
凝聚活力的 绿色宜居之乡
联动四镇探索之地

产业重聚

STEP01：区域协同，联动发展

策略一：引入柿子经济

柿子

下营镇　东井峪　孙各庄镇　罗庄子镇　穿芳峪镇

80% 柿子　带动周边四个镇80%的柿子产量
58%　惠及周边58%的人口
78%　将收入提高78%

种植　科研　加工　储藏　展销

策略三：建立交易平台

衣副产品展销　加工产品展销　农业数据云平台　电商平台

互联网+　电商平台　线下交易市场

商品交易市场

STEP03：双生循环，三产融合

策略一：内生循环农业

一层循环农业：柿子经过村庄加工企业处理后作为网络流转到养殖业。
二层循环农业：柿子经过村庄加工企业处理后作为特色产品，在农家乐出售，为村庄带来商业利润。
三层循环农业：柿子作为排泄肥料，被再次回收利用。最终促进柿子的生长。

策略二：外生市场循环

生态农业生产　产品　供给　水果店　工厂作坊　餐饮业
收入　供给　产品销售　手工体验　采摘　农家乐　民宿　旅游休闲业

策略三：三产持续融合

第一产业 - 以贸促旅 开展产、供、销、游一体化作物链，打通农产品加工品对外销售渠道。
第二产业 - 以柿贸建 建设柿子加工园区，打造多种类、健康化产品，以服务全时段的人群需求。
第三产业 - 以旅游 重塑商品交易市场建造游客服务中心打造特色民宿改造升级农家乐。

技术路线

井 · 生产系统　国内案例 国外案例 人口现状 经济现状　产业重聚
井 · 村庄　井 · 生活系统　建筑分析 公服分析 交通分析 需求分析 活动分析　生活重构　"柿 · 井" 打造策略　功能分区
井 · 生态系统　气候条件 生态格局 植被资源　生态重塑　土地利用规划

STEP02：双线并进，协调发展

策略二：新农村合作社

常住居民　农民与农地
　　　　依托村委　规划政策上申请　依托村委
乡愁　新合作社经济网络重塑　土地入股 土地入股　农产品+土地经营权　私人投资
　　　　　　　　　资金支出
　　　　依托NGO统筹　合作联系　互惠资源
外迁村民

农地培聚 生态河岸 柿子生产 生态果园　农业发展 生态河岸 民宿体验 旅游体验 生态源地　资本消费 农产品 农产品直销 企业销售 技术共享

产业升级 高效资源　互惠共享　资本注入

策略一：产业链条扩大

柿皮　柿果蜜点　柿汁　柿酒　柿茶　柿饼　柿子加工产业园　柿醋　柿糖　柿子蒸　柿子冰淇淋

策略二：植入家庭作坊

传统生产线 家庭作坊 手工自产 自产自销 产品单一
现代化生产线 加工厂 机械化 集中销售 产品多元

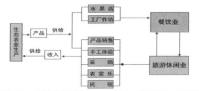

保护传统工艺　资源共享　实现共同富裕

学生：刘明昊、王圣雯、周强
指导教师：荣丽华、王强
学校：内蒙古工业大学

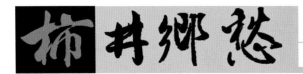

天津市蓟州区乡村规划与设计
Village planning and design of dongjingyu village, jizhou district

05 何解乡愁·概念演绎
概念　策略　方案生成　土地利用

生活重构

▶▶▶ STEP01：分区配套，极轴辐射

策略一：置入公服设施

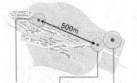

废弃学校　村委会　商品交易所
现状公共服务设施　　　意向公共服务设施

策略二：完善基础设施

1.增加卫生配套　2.更新市政设施　3.强化交通配套

▶▶▶ STEP02：居游共享，追忆乡土

策略一：乡土建筑营建
营建原则：本质本型·土生土长·营屋理弄·建设艺村
营建模式

A.续文脉　　　B.理庭院　　　C.塑肌理
1.本土材料 采用本土建筑材料　　1.清理庭院　　1.功能引入
红砖　石材　　　2.广植庭院　　2.核心营建
黄泥　青瓦　木头　　3.庭院置景　　3.退屋让绿
2.本土色彩 顺应本土色彩环境　　4.恢复生产　　4.远景设计
砖红　木红　土红　石红　青灰　浅灰

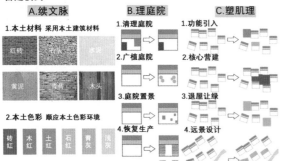

策略二：公共空间优化

公共空间潜力点　　　失落的公共走廊

河步共营　河　步　其壁　渗透
明确空间需求　空间功能混乱　强化空间秩序　形成生活体系

完善公共空间体系

策略三：乡村文化策划

1.营造文化活动

东井峪日历	1	2	3	4	5	6	7	8	9	10	11	12
年货节												
柿子丰收节												
柿产品博览会												
旅游节												
农耕体验												
柿子杯乡镇篮球赛												

2.丰富文化空间

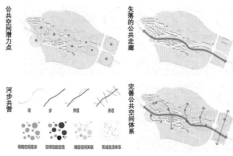

▶▶▶ STEP03：居游共享，追忆乡土

策略一：乡土建筑营建

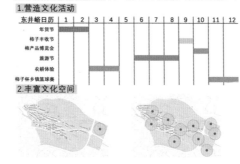

乡贤文化
显象衰微
多元文化
冲击如旧
乡村精英
大量流失

传乡贤　传颂"古贤" 乡愁永驻
育新贤　培育"新贤" 见贤思齐
引今贤　引进"今贤"多资共创
发挥优势 精准制策 致力发展 配套完善
引进人才 培育人才 聚集人才 留住人才

生态重塑

▶▶▶ STEP01：生态平衡，山水共生

策略一：构建生态廊道

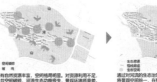

现有自然资源丰富，空间结局布明显。对资源治理和两侧山体和水体的统一整理，将景观空间统一，使整体村庄风貌上形成一条廊道。

策略二：优化生态本底

山水形象：布局 结构　要素 组织　空间 秩序

▶▶▶ STEP02：资源整合，景致唤活

策略一：潜力空间挖掘　　　**策略二：建立景观秩序**

▶▶▶ STEP03：有机融合，以绿代水

策略一：提升自然感知

空间环境提升措施

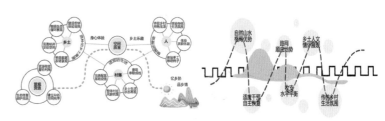

方式1 将绿化核心深入到村内部　方式2 运用特色多元元素　方式3 空间串联成绿展示特色景观

以河为轴，向两侧进入核心景观空间，带动提升整体景观效果。　家庭手工柿饼加工场景，以柿为核心特色的嘟嘟景象为主题延伸元素。　通过建筑风貌的统一，对人群进行引导，使人们深入到公共空间，自主地对环境或或或进行整治。

策略三：提高村庄韧性

破碎　系统
消隐　特色彰显
平庸　独特

策略二：改善环境质量

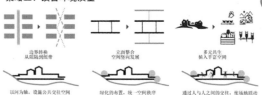

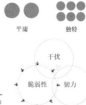

以河为轴，设施公共交往空间　绿化的布置，一空间秩序　通过人与人之间的交往，使场地地起动

边界转绿 从阻隔到纽带　立面整合 空间竖向发展　多元融合 使入丰富空间

干扰
脆弱性　韧力

学生：刘明昊、王圣雯、周强
指导教师：荣丽华、王强
学校：内蒙古工业大学

2019/北方规划院校联合毕业设计成果
North Planning Colleges And Universities Joint Graduation Design Results

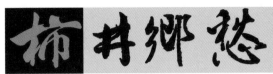

天津市蓟州区乡村规划与设计
Village planning and design of dongjingyu village, jizhou district

06 何解乡愁 · 概念演绎
概念 策略 方案生成 土地利用

策略综合

乡村产业方面的策略

乡村生活方面的策略

乡村生态方面的策略

产业重聚

生活重构

生态重塑

方案生成

现状建成区

现状路网

现状山水

确定规划范围
(结合现状村域边界、山水格局、地形地貌、空间管制)

置入功能

基于村庄的肌理格局，打造临河绿色生态发展轴，以整合村庄形态结构。

确定公共核心

各个绿色廊道相互碰撞形成公共节点

功能策划

传统居住区
果林
综合服务
主题商业街
旅游服务
商品交易市场
柿子加工厂
柿园
民宿
新建居住区

村域规划

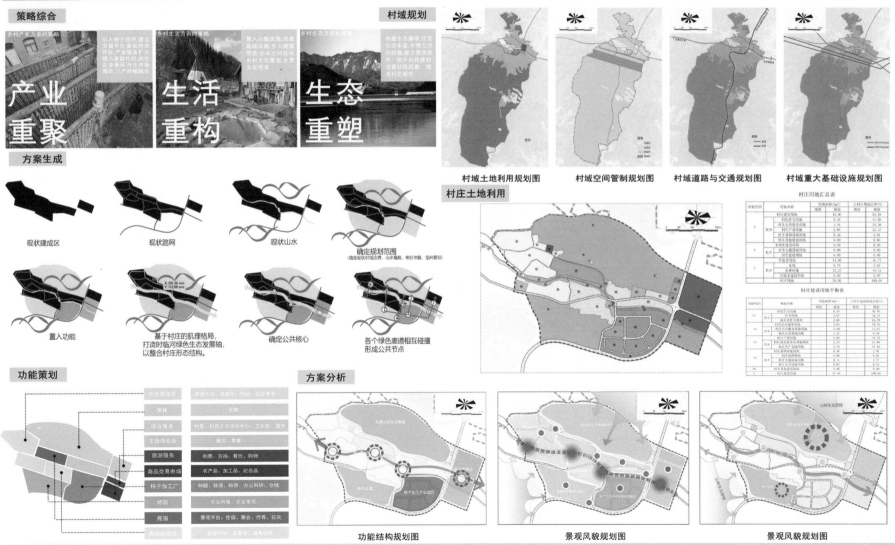

村域土地利用规划图

村域空间管制规划图

村域道路与交通规划图

村域重大基础设施规划图

村庄土地利用

村庄用地汇总表

村庄建设用地平衡表

方案分析

功能结构规划图

景观风貌规划图

景观风貌规划图

学生：刘明昊、王圣雯、周强
指导教师：荣丽华、王强
学校：内蒙古工业大学

柿井乡愁

天津市蓟州区乡村规划与设计
Village planning and design of
dongjingyu village, jizhou district

07 何筑乡愁·方案呈现
总平面图　鸟瞰图　方案分析

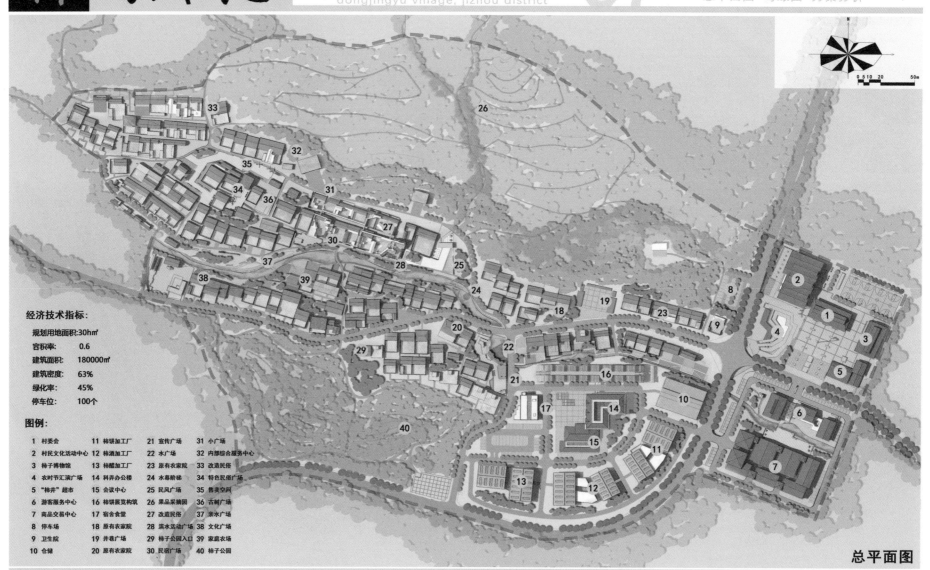

经济技术指标:

规划用地面积:30hm²
容积率:　　　0.6
建筑面积:　　180000m²
建筑密度:　　63%
绿化率:　　　45%
停车位:　　　100个

图例:

1 村委会	11 柿饼加工厂	21 宣传广场	31 小广场
2 村民文化活动中心	12 柿酒加工厂	22 水广场	32 内部综合服务中心
3 柿子博物馆	13 柿醋加工厂	23 原有农家院	33 改造民俗
4 农时节汇演广场	14 科井办公楼	24 水幕阶梯	34 特色民俗广场
5 "柿井"超市	15 会议中心	25 民俗广场	35 售卖空间
6 游客服务中心	16 柿饼展览构筑	26 果品采摘园	36 古树广场
7 商品交易中心	17 宿舍食堂	27 改造民俗	37 亲水广场
8 停车场	18 原有农家院	28 滨水活动广场	38 文化广场
9 卫生院	19 井巷广场	29 柿子公园入口	39 家庭农场
10 仓储	20 原有农家院	30 民宿广场	40 柿子公园

总平面图

学生: 刘明昊、王圣雯、周强
指导教师: 荣丽华、王强
学校: 内蒙古工业大学

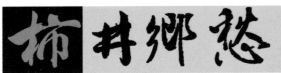

天津市蓟州区乡村规划与设计
Village planning and design of
dongjingyu village, jizhou district

08 何筑乡愁·方案呈现
总平面图 鸟瞰图 方案分析

鸟瞰图

小时候，
乡愁是一只红红的柿子，
种在村头，
甜在心头。

长大后，
乡愁是一条窄窄的乡路，
我在这头，
发小在那头。

后来啊，
乡愁是一群密密的青山，
我在外头，
父母在那头。

而现在，
乡愁是一片的红红的河谷，
我在这头，
柿子挂满枝头。

学生：刘明昊、王圣雯、周强
指导教师：荣丽华、王强
学校：内蒙古工业大学

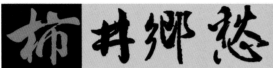

天津市蓟州区乡村规划与设计
Village planning and design of
dongjingyu village, jizhou district

09 何筑乡愁·方案呈现
总平面图　鸟瞰图　方案分析

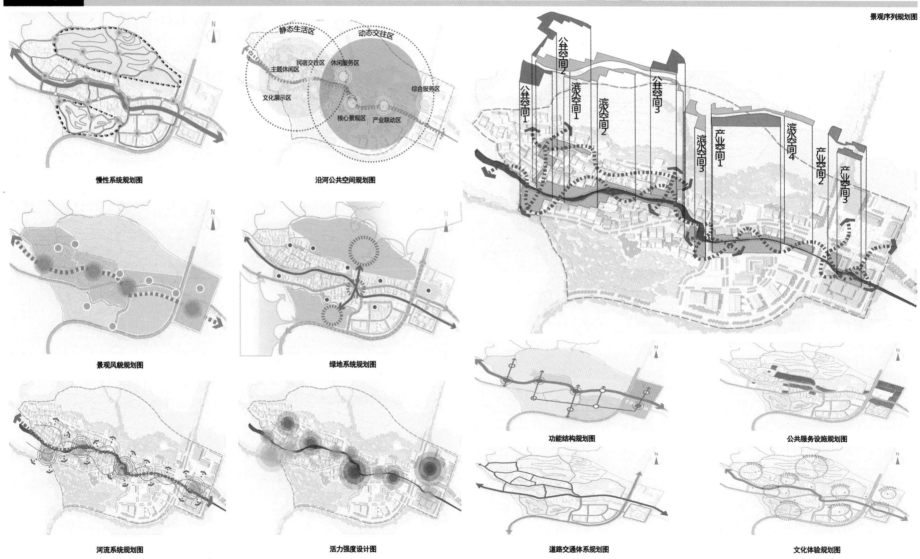

景观序列规划图

慢性系统规划图

沿河公共空间规划图

景观风貌规划图

绿地系统规划图

河流系统规划图

活力强度设计图

功能结构规划图

公共服务设施规划图

道路交通体系规划图

文化体验规划图

学生：刘明昊、王圣雯、周强
指导教师：荣丽华、王强
学校：内蒙古工业大学

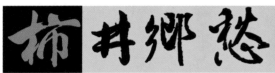

天津市蓟州区乡村规划与设计
Village planning and design of
dongjingyu village, jizhou district

10 何筑乡愁·方案呈现

景-河系统　生活系统　生产系统

生态评价

生态功能丧失　环境质量差　缺少管制　资源浪费　多样性不足

潜在生态价值挖掘

生态科普名片　环保意识　生态自净　识花认树　品味乡愁

从人的生态价值观念引导，良好的生态格局是其具备生态科普名片的先决条件，适当的给予辅助使生态恢复其自净能力，是城市中的人所向往的一片净土，提供追忆过去，体验乡土的重要地点。

空间要素

水体空间　山体空间
生活空间　生产空间

立体空间层次景观营造　多角度空间序列景观营造

维护山水格局

构建生态廊道

融入乡土美感

空间序列

远景
中景
近景

生境塑造

空间延展，雨洪收集
顺应河流，整合空间

生态植入，串联成环
视线通达，景观多元

水位

绿地green　水系water
枯水期水位　正常水位　正常水位　雨季水位

条件

山水格局完整，河流生态功能丧失

雨季

雨水收集，汇聚时临河

旱季

适当供水，减少蒸发

景观梳理

道路绿化

驳岸处理

移植耐草水生植物
管岸边缘加固
临水平台设置
串水平台设置
植物搭配木栈道
破碎驳岸处理
利用乡土植物打造公共空间
垂直绿化

特色滨水商业营造
特色漫行空间体验
特色亲水商业体验
特色交往空间体验

驳岸处理
丰富驳岸空间功能，将绿化和水体统一进行生态景观规划，形成具有生态涵养、娱乐休闲功能的滨水体验区。

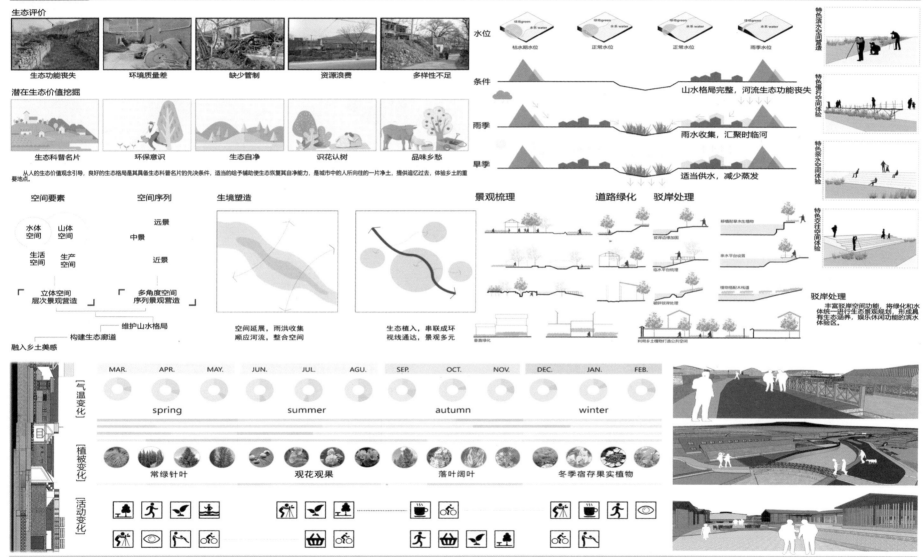

	MAR.	APR.	MAY.	JUN.	JUL.	AGU.	SEP.	OCT.	NOV.	DEC.	JAN.	FEB.
气温变化		spring			summer			autumn			winter	
植被变化		常绿针叶			观花观果			落叶阔叶			冬季宿存果实植物	
活动变化												

学生：刘明昊、王圣雯、周强
指导教师：荣丽华、王强
学校：内蒙古工业大学

2019/北方规划院校联合毕业设计成果
North Planning Colleges And Universities Joint Graduation Design Results

|| 183

柿井乡愁

天津市蓟州区乡村规划与设计
Village planning and design of dongjingyu village, jizhou district

11　何筑乡愁·方案呈现

景-河系统　生活系统　生产系统

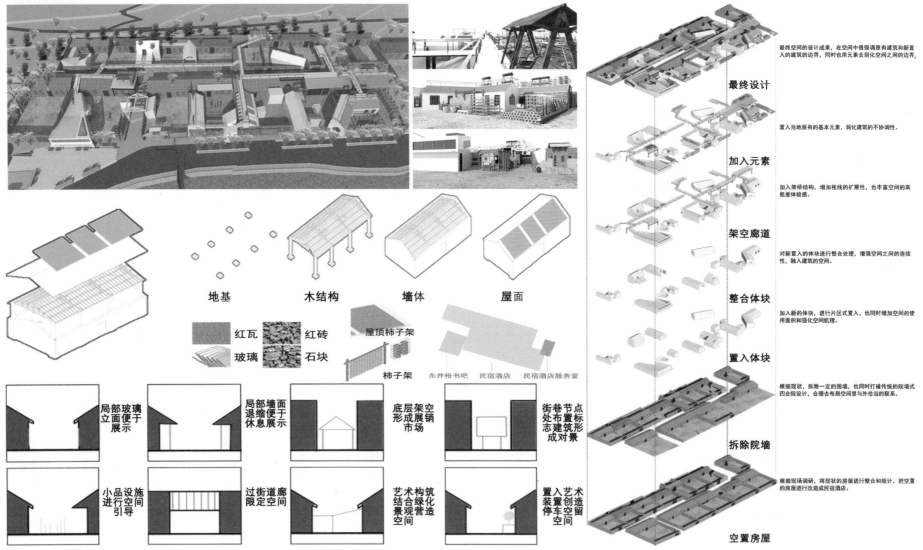

地基　　木结构　　墙体　　屋面

红瓦　　红砖
玻璃　　石块

屋顶柿子架

柿子架

东井裕书吧　民宿酒店　民宿酒店服务室

局部玻璃立面便于展示

局部墙面退缩便于休息展示

底层架空形成展销市场

街巷节点处布置标志建筑形成对景

小品设施进行空间引导

过街道廊限定空间

艺术构筑结合绿化营造空间

置入艺术创造空间　装置停车空间

最终设计

最终空间的设计成果，在空间中很强调原有建筑和新置入的建筑的边界，同时也用元素去弱化空间之间的边界。

加入元素

置入当地原有的基本元素，弱化建筑的不协调性。

架空廊道

加入架桥结构，增加视线的扩展性，也丰富空间的高低差体验感。

整合体块

对新置入的体块进行整合处理，增强空间之间的连续性，融入建筑的空间。

置入体块

加入新的体块，进行片区式置入，也同时增加空间的使用面积和强化空间肌理。

拆除院墙

根据现状，拆除一定的围墙，也同时打破传统的院墙式四合院设计，合理去布局空间里与外恰当的联系。

空置房屋

根据现场调研，将现状的房屋进行整合和统计，把空置的房屋进行改造成民宿酒店。

学生：刘明昊、王圣雯、周强
指导教师：荣丽华、王强
学校：内蒙古工业大学

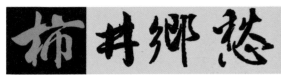

天津市蓟州区乡村规划与设计
Village planning and design of
dongjingyu village, jizhou district

12 何筑乡愁 · 方案呈现

景-河系统　生活系统　生产系统

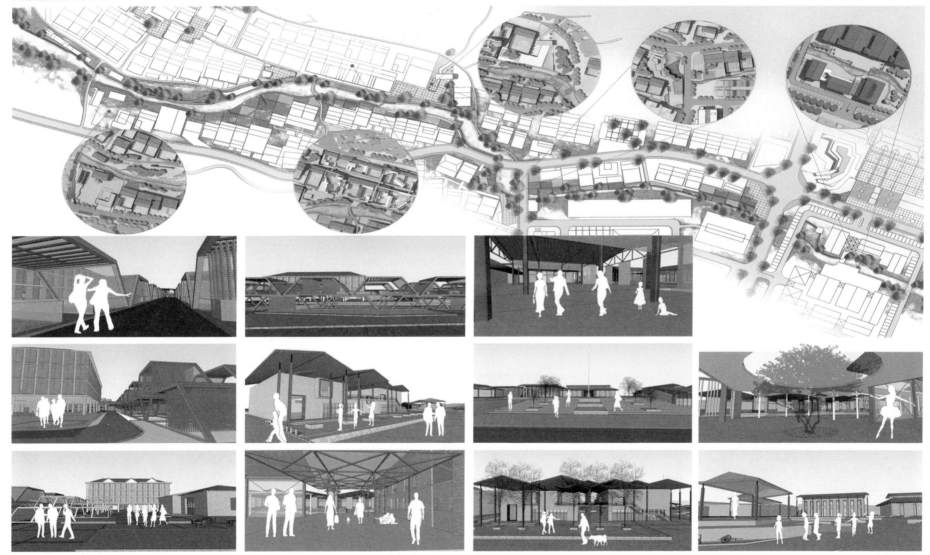

学生：刘明昊、王圣雯、周强
指导教师：荣丽华、王强
学校：内蒙古工业大学

2019/北方规划院校联合毕业设计成果
North Planning Colleges And Universities Joint Graduation Design Results

|||185

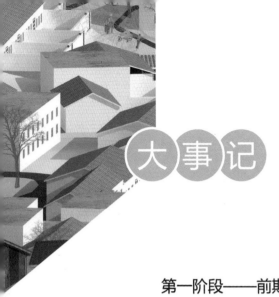

大事记

第一阶段——前期调研	第二阶段——中期汇报	第三阶段——终期答辩
2019/01/04	2019/04/22	2019/05/31

六校师生在2019年1月4日开始的第一阶段调研时，对规划基地——石臼村、东井峪村进行了详细的基础调研，对东井峪村及石臼村的区位、产业发展、公共服务与市政基础设施、建筑与院落、道路交通等几个方面的现状进行了现状分析和汇报。通过调研，同学们抓住了现状乡村的核心问题，对设计中需要回答和解决的问题有了初步思考和判断。

在4月22日开始的第二阶段中期汇报中，各校同学对毕业设计的研究、构思和方案进行了汇报介绍。同学们通过对场地调研、文化挖掘、上位规划解读和方案策划等方面的思考和研究，制作了毕业设计的阶段性成果。在中期交流中，同学们根据现状中发现的问题和可以发展的资源提出了自己的设计思路和初步方案，在各校老师的指导和点评中进一步改进了自己毕业设计中的不足。

历经近五个月的调研、交流、学习，本次活动迎来了终期答辩环节。各校各组学生将辛苦制作的毕业设计成果以展板形式展览，各校同学自由参观，交流学习。

后记

　　2019年北方规划教育联盟联合毕业设计，从希望的田野中出发，以天津市蓟州区穿芳峪镇石臼村、东井峪村为设计地段，探索北方乡村的发展建设路径与规划实施措施。本书汇聚北方规划教育联盟的天津城建大学、山东建筑大学、北京建筑大学、沈阳建筑大学、内蒙古工业大学和吉林建筑大学等六所院校的30位同学的13份毕业设计成果。受北方规划教育联盟的委托，吉林建筑大学建筑与规划学院组织了《希望的田野　天津市蓟州区乡村规划与设计　2019北方规划院校联合毕业设计作品集》的整理和汇总工作。

　　吉林建筑大学非常荣幸能够完成作品集的编绘工作，我和杨柯老师负责组织具体的编撰工作，对作品集总体风格进行审定，对文字进行初步校核。感谢荣玥芳、荣丽华、袁敬诚、兰旭、李鹏等老师为作品集的具体编撰所进行的细致指导工作，感谢城乡规划研究生尹钰博、靳云龙和刘海晓在整理汇总、封面设计、版面重组过程中付出的辛苦劳动。

　　在本书付梓之际，感谢为组织本次联合毕业设计做出努力的所有师生、同行，也为作品集出版付出努力的编辑们表示诚挚的敬意，同时也祝愿北方规划教育联盟越办越好！

　　本次作品的出版感谢中国建筑工业出版社编辑的辛勤付出，本书的汇集、整理、编辑以及出版凝聚多方的智慧和劳动，也承载大家对城乡规划教学的深入思考，期待北方规划教育联盟成为教师们教学思考的平台和纽带，更期待更多的学生们从中获益，为未来从事城乡规划设计工作奠定扎实理论基础和实践能力。期待城乡规划的明天更美好！

吉林建筑大学建筑与规划学院　副院长

吕静　教授

2019年7月